호킹의 블랙홀

우주의 심연을 들여다보다

호킹의 블랙홀

우주의 심연을 들여다보다

정창훈 글 | 백원흠 그림

작은길

역사를 공부하는 이유는 단순하다. 과거는 현재의 거울이고, 현재는 미래의 거울이기 때문이다. 과학사도 마찬가지다. 우리가 과학사를 공부하는 이유는 단순히 지식을 늘리는 것에 그치지 않고 행간 사이사이 첩첩이 쌓여 있는 선인들의 지혜를 나의 삶에 녹여 사용하기 위해서다. 역사가 결국 인물과 인물의 연결로 서술되듯이 과학사 역시 과학자와 과학자의 연결로 읽을 수 있다. 과학사는 분명 역사의 한 분과에 지나지 않지만, 역사를 좋아한다고 과학사를 쉽게 읽을 수 있는 것은 아니다. 과학자가 성취한 과학적 사실 또는 과학적 사고체계와 같은 진보의 실체를 이해하는 게 쉬운 일이 아니기 때문이다. 그래서인지 과학사나 과학자의 일생을 다룬 책은 대부분 과학 발전에 미치는 의미를 다룰 뿐 그 실체를 알려 주지 않는다. 그런 것은 과학책에서 보라는 식이다.

그렇다면 과학책을 보면 해결이 될까? 아니다. 대부분의 과학책은 하늘에서 뚝 떨어진 듯한 과학적인 사실만을 알려 준다. 그런데 단순한 과학적 사실마저도 이해하기가 어렵다. 원래 과학이 어렵기 때문이다. 역사도 어렵고, 철학도 어렵고, 미술도 어렵다. 과학은 유난히 더 어렵다. 과학은 우리의 일상 언어가 아닌 다른 언어로 진술되기 때문이다. 수학과 물리 공식, 온갖 화학식과 그래프가 필요하다. 이것을 피하다 보면 과학은 사라지고 일화만 남게 된다. 과학 따로 역사 따로. 지금까지의 과학사와 과학 관련 교양서들의 한계가 바로 이것이다. 과학사 책과 과학 책을 나란히 놓고 보면 이 한계를 극복할 수 있을까? 한 가지 방법이긴 하다. 독자의 끈기와 수고로움이 요구되지만 말이다. 그런데 그것은 독자가 할 일은 아니다. 더군다나 독자가 읽어야 할 책이 과학책이라면 그것은 먼저 저자와 출판사의 몫이 되어야 한다. 〈메콤새콤 시리즈〉는 여기에 도전한다. 이 시리즈는 만화라는 양식을 빌어 과학사와 과학을 돌파하고 있다. 주인공과 관련한 일화를 양념으로 삼아, '따로 살림' 차리길 편하게 여겼던 과학사와 과학 그 자체를 본래 그랬던 대로 한지붕 아래 살게끔 불러들인다.

세상은 넓고 익혀야 할 과학적 사실은 많다. 그것을 다 좇아가는 것은 현대사회에서는 불가능하다. 과학을 업으로 삼고 있는 사람도 자기의 좁은 전문분야가 아니면 새로운 지식을 습득하기 어렵다. 과학을 한다는 것은 우주 만물에 대한 세세한 지식을 습득한다는 게 아니다. 그건 그리 의미 있는 일도 아니다. 왜냐하면 '과학적 사실'의 수명이 그리 길지 않기 때문이다. 과학의 발전이란 우리가 알고 있는 과학적 사실이 부정된다는 것을 의미한다. 따라서 과학을 한다는 것은 과학적 사고체계를 습득하는 것이다. 풀어서 말해 보자면, 그것은 열린 지성의 토대 위에 물질관과 세계관을 구성해 가는 능력을 기르는 것이다. 과학에 대한 이 같은 정의에 수긍할 수 있다면, 지금의 과학을 만들어 온 토대를 파악하는 일은 전문성의 영역에서 해방된다. 〈메콤새콤 시리즈〉가 19~20세기의 과학적 성과 가운데 현대과학을 이해하는 데 필수적인 업적을 가려뽑고, 그 업적을 대표하는 과학자 10인의 삶과 연구과정 그리고 그들의 연구 결과가 우리 삶에 미치는 영향을 다각도로 살피는 책으로 기획된 이유가 여기에 있을 것이다.

그럼에도 여하튼 결코 쉬운 일은 아니다. 250쪽 안팎의 책으로 그게 가능할까, 하는 기대와 의구심으로 책을 열어 보았는데 〈메콤새콤 시리즈〉는 가능성을 보여 주었다. 만화라는 양식을 취하고 있다고 해서 만만하게 접근할 책이 아니다. 마음의 준비를 단단히 하고 집중해서 읽다 보면 지식과 지혜를 함께 얻을 수 있을 것이다.

이정모(서울시립과학관 초대관장)

집필을 덥석 승낙하고 금세 고민에 빠졌습니다. 시간과 공간, 블랙홀, 상대성이론과 양자역학이 어우러지는 호킹의 난해한 연구 업적을 과연 온전하게 풀어나갈 수 있을지에 대한 난감함 때문이었지요. 그런 고민은 1970년대 말과 1980년대 초 천문학과 학부 시절부터 시작했습니다.

그때 물리학과 천문학 전공자들은 물론 학부생들에게도 상대성이론과 양자역학은 경이의 대상이었습니다. 빛마저도 빨아들인다는 블랙홀은 과연 실재하는가? 우주 탄생의 출발 신호인 빅뱅은 과연 어떤 사건인가? 아무것도 모르는 학부생들도 자신들이 현대물리학의 개척자나 되는 것처럼 온갖 정보와 지식을 동원해 가며 주변 사람들에게 떠벌였습니다.

전자기학 시간에는 특수상대성이론의 공식을 계산해 가며 전율에 빠지기도 했습니다. 물론 상대성이론의 본질은 제대로 이해하지도 못한 채 그냥 포기하는 심정으로 받아들일 수밖에 없었지요. 하지만 양자역학은 제 능력 너머에서 저를 비웃고 있었습니다. 수식이야 그냥 써내려갈 수 있었지만 그 물리적 의미의 난해함 앞에서 크게 좌절할 수밖에 없었습니다. 어쩌면 제가 학부에서 전공을 마친 이유의 하나도 그 때문이었는지 모릅니다.

다행히 학부 졸업 후에도 온갖 과학 이론을 접할 기회는 사라지지 않았습니다. 과학 잡지와 단행본 저술 활동을 통해 살아갈 수 있었기 때문이었지요. 그러는 동안 상대성이론과 양자역학에 대한 지식을 꾸준히 습득할 수 있었고, 이제는 일반인들에게 어느 정도 이들 이론과 그 의미를 전달할 수 있게 되었습니다. 아마 그런 능력을 갖추었다는 착각에 빠졌다는 것이 좀 더 정확한 표현일 겁니다.

일반인들이 호킹의 연구 업적을 이해하기는 쉽지 않은 일입니다. 1988년에 출간된 호킹의 역저 『시간의 역사』는 1천만 부 이상 판매되었지만, 그 책을 다 읽은 일반인은 많지 않았다고 합니다. 더 나아가 그 내용을 제대로 이해하며 읽은 일반인은 거의 없었을 겁니다. 하지만 그런 일에 크게 기죽을 필요는 없습니다. 우리가 잘 알고 있다고 생각하는 여러 가지 정보나 지식도 단지 그런 착각에 빠져 있는 경우일 때가 많기 때문입니다.

사실 일반인들은 현대물리학의 최전선에서 이루어지고 있는 휘황찬란한 업적들을 아는 체하는 사치를 누리는 것만으로도 충분하지 않을까 생각합니다. 이 책을 쓰려는 용기가 되살아난 것도 그런 연유에서 비롯되었다고 볼 수 있습니다.

흔히 과학 저널리스트들은 호킹의 연구 업적은 물론 그의 삶 자체도 불가사의라고 말합니다. 장치에 의존하지 않고서는 몸을 움직일 수도 없고, 목소리를 내지 못하는 것은 물론 숨도 제대로 쉴 수 없는 상태에서 누구도 상상할 수 없을 만큼 과감하면서도 놀라운 이론들을 발표했으니 말입니다. 젊은 시절부터 서서히 황폐해져 가는 몸과 정신, 그리고 그런 시련을 극복해 가는 그의 삶에 대한 강한 의지와 우주의 궁극에 다가서려는 뜨거운 열정은 모든 이에게 감동을 주는 한 편의 드라마가 아닐 수 없습니다. 그런 뜻에서 이 책의 적지 않은 초반 분량을 자신의 육체적 변화를 극복해 가는 호킹의 삶에 할애할 수밖에 없었습니다.

모든 분야에서도 마찬가지이겠지만 호킹의 학문적 성과도 그 이전 학자들의 연구 결과를 바탕으로 얻어진 것입니다. 따라서 호킹의 이론이 뜻하는 바를 조금이나마 이해하려면 호킹 이전의 물리학을 훑어봐야 합니다. 빅뱅 이전의 우주론이나 엔트로피 개념에 지면을 할애한 것에도 그런 의도가 담겨 있습니다.

호킹은 육체라는 옥에 갇혔어도 누구보다 자유로운 정신을 가진 사람이었습니다. 그의 정신은 휠체어에 묶인 몸을 벗어나 블랙홀이라는 무저갱 깊은 곳을 들여다보았을 뿐만 아니라 가없는 시간과 우주 공간을 넘나들었습니다. 인류가 호킹의 업적을 통해 우주의 본질에 가장 가까이 다가갈 수 있었던 것처럼, 많은 독자들이 이 책을 통해 호킹의 삶과 업적에 가장 가까이 다가갈 수 있었으면 하는 작은 소망을 가져 봅니다.

2016년 11월
정창훈

차례

별난가족
별난아이
갈릴레이의 뒤를 잇다

호킹 박사님, 소감 한 말씀 부탁드립니다.

박사님, 오늘 컨디션은 어떠세요?

스티븐 호킹 박사는 영국 케임브리지대학의 교수이자

세계적인 우주물리학자입니다.

오늘은 호킹 박사에게 정말 멋진 하루가 될 겁니다. 저 비행기를 타고 무중력을 체험하게 될 테니까요.

'제로 그래비티 (Zero G)'라는 이름의 이 비행기가

높은 고도에서 빠르게 내려오는 짧은 시간 동안 승무원들은 기내에서 무중력 상태를 체험하게 됩니다.

병약한 호킹 박사가 무중력 상태를 견딜 수 있을까요? 조금 걱정이 되는군요.

비행기 안에는 호킹 박사의 안전을 위해 응급실을 갖추고 있습니다. 또 의사들은 수시로 박사의 혈압과 심장박동 등 건강 상태를 체크합니다.

말씀드리는 순간 사람들이 호킹 박사를 차량에 태워 비행기로 이동하고 있습니다.

무중력 상태는 과연 어떤 것일까? 호킹과 그의 동료들은 아이처럼 들뜬 마음으로 자리에 앉아 출발을 기다렸다.

드디어 비행기가 활주로를 힘차게 날아오릅니다. 비행기는 고도 약 1만 미터까지 솟아오른다고 합니다.

곧 비행기가 45도 각도로 급강하할 예정입니다.

자 박사님, 무중력 상태가 되었습니다!

저희가 안아 내려서 공중에 띄우겠습니다. 마음의 준비를 단단히 하십시오!

뉴턴을 위하여!

중력에 짓눌려 손가락 하나 꼼짝 못하고 살면서도 누구보다 중력을 잘 이해하는 사람, 호킹! 그는 어째서 불편한 몸을 이끌고 지구를 벗어나려 했던 것일까?

휠체어가 없으면 한 걸음도 걷지 못하면서 머릿속에서는 광활한 우주를 넘나드는 사람. 그가 알아낸 우주의 시작과 끝은 어떤 것일까?

다른 사람의 도움 없이는 잠시도 살아갈 수 없으면서도 많은 사람의 존경을 받는 사람. 사람들은 왜 그에게 그토록 경의를 표하는 것일까?

짝아아아아

좁은 휠체어 위에서 무한의 우주를 꿈꾼 호킹의 삶은 제2차 세계대전이 한창이던 1942년, 영국의 유서 깊은 도시 옥스퍼드에서 시작되었다.

스티븐의 아버지 프랭크는 옥스퍼드대학에서 의학을 공부한 열대병 전문가였다.

뭐, 전쟁이라고? 그럼 조국을 위해 싸워야지.

그는 아프리카에서 영국으로 돌아와 군입대를 자원했다.

저도 군인이 되어 조국을 위해 싸우겠습니다.

자네는 연구원으로서 열심히 연구하는 게 더 조국을 위하는 길일세.

결국 프랭크는 한 의학연구소에서 일하게 되었다.

그래. 조국을 위해 일하는 방법에도 여러 가지가 있어!

어머니 이조벨은 옥스퍼드대학에서 경제학과 철학과 정치학을 공부한 재원이었다.

대학을 졸업한 후, 이조벨은 세무서를 비롯한 여러 직장을 옮겨 다녔다.

하지만 그 어느 곳의 일도 마음에 들지 않았다. 업무가 자신의 교육 수준에 비해 맞지 않기 때문이다.

어휴, 내가 여기서 이런 일이나 하고 있어야 한다니 말도 안 돼!

이조벨은 우연히 프랭크가 있는 의학연구소에서 비서직으로 일하게 되었고 서로 마음을 두게 되었다.

……

여기 런던은 독일군의 공습이 심한데 어떡하지요?

그럼 우리가 공부했던 옥스퍼드로 가서 아이를 낳읍시다. 거긴 공습을 피해 안전하다는구려.

스티븐이 태어나기 꼭 300년 전인 1642년 1월 8일, 지동설을 주장한 이탈리아의 수학자이자 물리학자인 갈릴레오 갈릴레이가 숨을 거두었다.

1942년 1월 8일

네 이름은 스티븐이란다. 스티븐 윌리엄 호킹!

지구 중심의 우주를 태양 중심의 우주로 바꾼 과학 혁명의 기수였던 갈릴레이. 스티븐이 태어난 날은 이 아기가 갈릴레이의 후계자가 될 운명을 타고났다는 암시였는지도 모른다.

스티븐이 태어나고 1년 후에 여동생 메리가 태어났다. 또 전쟁이 끝난 1947년에는 막내 여동생 필리파가 태어났다.

메리, 아버지 뒤를 이어 훌륭한 의사가 되었구나!

오빠에 비하면 아무것도 아니지 뭐. 오빠는 최고의 물리학자잖아.

너 자꾸 오빠한테 대들면 어떡해?

스티븐과 메리는 나이 차이가 많지 않아 집안에서는 늘 라이벌이었다.

흥! 오빠면 다야. 내가 오빠보다 더 똑똑하단 말이야.

둘 사이의 라이벌 관계는 나이가 들면서 점점 누그러들었다.

17

제2차 세계대전이 끝난 후 프랭크는 국립의학연구소의 기생충학 과장이 되었다.

스티븐이 여덟 살이 되었을 때, 호킹 가족은 세인트 알반스*의 3층짜리 허름한 벽돌집으로 이사했다.

여보, 이제 여기가 우리 집이오. 비록 낡았지만 아늑하지 않소?

전쟁 때문에 모든 사람이 살기 어려운데 이 정도면 과분해요.

엄마 아빠, 깨진 유리창은 안 바꿔요?

벽지가 너무 낡아 밤이면 귀신이 나올 것 같아요!

세상에 귀신이 어디 있니? 유리창은 깨진 곳을 막고 벽지는 더 낡은 후에 갈자꾸나.

난방장치가 고장 난 것 같네요. 집안이 아주 썰렁한걸요.

옷을 겹쳐 입으면 이 정도 추위는 충분히 견딜 수 있다오.

호킹 씨 부부는 정말 지독한 구두쇠야.

좀 별난 가족일 뿐 구두쇠는 아닐세. 구두쇠는 무조건 돈을 아낄 줄만 아는 사람이야.

호킹 씨 집에는 책이 엄청나게 많아. 책을 사는 데에는 돈을 아끼지 않는단 말일세.

맞아요. 그 댁에는 선반마다 책이 가득하대요.

가족들은 식사 때에도 책에서 눈을 떼지 않는다는 소문을 들었어요.

● 세인트 알반스(St. Albans)는 그레이트 브리튼 섬의 남동부 하트퍼드셔(Hertfordshire) 주에 있는 도시. 런던을 비롯해 인근 대도시 통근자들의 베드타운.

1953년
세인트 알반스 학교

스티븐은 별난 가족 중에서도 별난 아이였다. 또래보다 늘 총명했지만 성적이 뛰어나진 않았다. 수학보다는 음악과 연극과 이야기를 좋아했고, 무엇보다 상상력과 창의력이 뛰어났다.

이 보드 게임은 너무 시시해. 우리가 좀더 어려운 걸 만들어 볼까?

우리가 그런 걸 만들 수 있을까?

스티븐은 친구와 며칠 동안 낑낑대며 '경영 게임'이라는 새로운 보드 게임을 만들었다.

와, 드디어 완성이다.

이 보드 게임은 우리가 만든 또 하나의 세상이야.

경영 게임은 난이도가 매우 높아서 한 번 끝내는 데 몇 시간 또는 며칠이나 걸렸다.

에고, 힘들어서 더 이상 못 하겠다.

그래. 오늘은 그만하고 내일 계속하자.

공부보다는 다른 데 관심이 많았던 스티븐은 학교에서 첫 해에 꼴찌에서 3등의 성적을 받았다.

그러나 스티븐의 총명함을 알았던 선생님과 친구들은 스티븐에게 아인슈타인이라는 별명을 붙여 주었다.

스티븐은 성적은 나쁘지만 아주 총명해.

선생님, 스티븐은 언젠가 놀라운 일을 해낼 거예요.

아인슈타인 같은 과학자가 되고 싶어.

시계가 이렇게 많은 부품으로 이루어져 있구나.

이 태엽이 시계의 심장이었네. 째깍거리는 시계 소리가 바로 이거였어.

윽, 그런데 이걸 어떻게 다시 조립하지?

1955년

스티븐의 성적이 해가 갈수록 좋아지고 있어요. 이번엔 장학금까지 받았고요.

그래요. 스티븐이 더 좋은 교육을 받았으면 하오.

어느 학교를 생각하고 있어요?

웨스트민스터 학교가 어떻겠소? 영국 최고의 사립학교 중 하나이니까.

그 학교에 다닐 수 있다면 얼마나 좋겠어요. 하지만 학비가 많이 들 텐데 말이에요.

음, 나도 그게 걱정이오. 내 봉급으로는 도저히 학비를 댈 수 없으니….

장학금을 받을 수 있지 않겠소?

그럼 시험을 치러야 하잖아요. 스티븐이 몸도 약한데 시험 공부를 제대로 할 수 있을까요?

시험 보는 날 아침

어떻게 된 거니? 열이 심하구나.

엄마, 못 일어나겠어요….

여보, 스티븐 몸이 불덩이처럼 뜨거워요!

아이 건강이 더 중요하니 시험은 포기합시다. 아무래도 웨스트민스터 학교와는 인연이 없나 보오.

프랭크는 크게 실망했지만 스티븐은 세인트 알반스 학교에 남을 수밖에 없었다.

후우

스티븐! 병은 다 나은 거야?

응, 이제 거뜬해.

스티븐의 과학자 기질은 날이 갈수록 뚜렷해졌다.

한번은 초능력에 푹 빠지기도 했다.

사람에게는 신비스런 능력이 있대. 이 주사위에 주문을 걸고 던지면 원하는 숫자의 눈이 나오는 거야.

그게 정말이야?

내가 초능력을 발휘할 테니 잘 보라고. 자, 숫자 3이 나와라!

크크. 3은 무슨 3이야. 5가 나왔잖아.

이번에는 진짜다. 자, 숫자 2가 나와라!

헤헤, 이번에는 3이 나왔네. 주사위가 네 말을 잘 안 듣는구나.

어느 날, 스티브은 초능력을 연구한 과학자의 강연을 듣게 되었다.

사람의 정신력으로 물체를 움직일 수 있다는 것은 모두 거짓이에요.

초능력은 존재하지 않는다는 것이 제가 오랫동안 연구한 결과입니다.

쳇! 초능력은 과학이 아니라 엉터리였군.

그동안 쓸데없는 짓을 했어.

그래도 초능력 현상을 논리적으로 실험해 본 건 잘한 거잖아.

이제부턴 진짜 과학을 할 테다!

1958년

우리 컴퓨터
만들어 볼까?

컴퓨터?
그게 뭔데?

컴퓨터는 계산 장치야.
복잡한 계산도 척척 해낼 수 있어.

그런 걸
만들 수 있을까?

좀 힘들겠지만 우리가
힘을 합치면 만들 수
있을 거야. 수학 선생님도
도와주실 거고.

우리가 컴퓨터 제작에 성공하면
모든 사람들이 깜짝 놀랄걸.

좋아!
만들어 보자!

1950년대만 해도 영국에서 컴퓨터를 갖춘 곳은 몇몇 대학과
국방부뿐이었다. 그것은 수많은 트랜지스터와 배선이 얽힌 크고
복잡한 장치였다. 물론 스티븐이 만들려는 컴퓨터는 훨씬 작고
기초적인 연산장치였다.

손재주가 없는 스티븐은 주로 이론적인
아이디어를 내고 친구들에게 일을 시켰다.

이러다
납땜을
망치겠어.

납땜은 내가 할게.

스티븐!
트랜지스터와
배선이
부족한데
어떡하지?

고장 난
전화 교환기
부품을
이용하자.

야호!
한 달 만에 드디어 완성!
작동은 잘할까?

어? 왜 자꾸
틀린 답이 나오지?

뭔가
잘못됐다.

회로에는 이상이 없는 것 같은데….
아무래도 납땜이 문제인가 봐.

납땜한 곳이
셀 수 없이
많은데
그걸 어떻게
다 점검하지?

할 수 없지 뭐.
하나씩 조사해
보기로 하자.

어,
여기 납땜이
헐거운데.

여기도
그래.

우리가 드디어
해냈어!

이게 너희들이
만들었다는
컴퓨터라는 거니?

뭘 하는 기계인지
설명을 해다오.

이 컴퓨터의 이름은 루체(LUCE)예요. 루체는 계산을 자동으로 빠르게 해내는 똑똑한 기계예요.

비록 아주 간단한 계산을 실행할 수 있었을 뿐이지만 이 컴퓨터는 역사적인 작품이었다.

하지만 안타깝게도 몇 년 후에 새로 온 교사가 미처 이 컴퓨터의 가치를 알아보지 못하고 폐기해 버렸다.

폐품 활용 작품인가? 이제 버려도 되겠지?

1958년

곧 졸업하는구나. 대학에 가서 무슨 공부를 할까?

갈릴레이 선생님, 선생님 아버지께서도 선생님이 의사가 되길 바라셨다고요?

그래. 그래서 맨 처음 피사 대학 의학부에 입학했지.

제 아버지도 제가 의사가 되길 바라세요. 저는 자연의 신비로움을 연구하고 싶은데 말이에요.

아버님 심정도 이해할 수 있지만 누구든 자신이 원하는 것을 하는 게 가장 중요해.

스티븐!

난 네가 내 뒤를 이어 의학을 공부했으면 좋겠다.

의학은 지나치게 설명적이어서 제 적성에 안 맞아요.

너도 알겠지만 의학을 공부하면 미래가 보장된단다. 취직도 잘되고.

전 수학처럼 논리적인 학문이나 물리학처럼 자연현상의 원리를 밝히는 근본적인 학문을 공부하고 싶어요.

네 뜻이 정 그렇다면 어쩔 수 없구나.

탁

갈릴레이 선생님, 드디어 아버지를 설득했어요.

잘했네. 나도 아버지를 설득해서 의학을 그만두고 수학과 물리학을 공부했지.

의학은 선택하지 않아도 되지만, 대신 대학은 꼭 내가 나온 대학을 가야 한다.

벌꺽

내가 나온 유니버시티 칼리지는 옥스퍼드대학의 여러 칼리지 중에서도 가장 먼저 설립된 유서 깊은 대학이야.

거긴 수학과가 없지 않나요?

우선 물리와 화학을 신청하고 수학은 따로 공부하면 될 것 아니겠냐?

좋아요. 아버지 뜻에 따르겠어요.

대신 의학을 공부하라는 말씀은 다시 하지 마세요.

26

프랭크는 옥스퍼드대학의 학비가
비싸다는 사실을 잘 알고 있었다.

애야, 이왕이면
장학금을 받으면
좋겠는데….

지금 학교 성적으로는
힘들겠지? 나이도
어린 편이고 말이야.

하하,
아버지 걱정 마세요.
시험 치를 때까지
열심히 공부하면
될 거예요.

그래? 그렇게 해준다니
고맙구나!

1959년 3월, 옥스퍼드대학
장학금 시험을 치르는 날

자네는 우리 대학에 합격하면
어느 칼리지를 선택할 것인가?

저는 유니버시티
칼리지에 가려고
합니다.

또 장학금도
주셔야 하고요.

야호!

합격이다!

스티븐.

오빠,
정말 축하해!

스티븐은 남들보다 어린 나이에
옥스퍼드대학에 입학하여, 과학자로서의
첫 발을 힘차게 내딛었다.

2

옥스퍼드의 천재

우주론을 전공하다

1959년 가을, 유니버시티 칼리지

여기가 유서 깊은 유니버시티 칼리지란 말이군.

어머님과 아버님이 다니신 학교….

오래된 학교라 기숙사도 허름하구나.

친구들보다 나이가 어렸던 호킹은 대학 생활에 쉽게 적응하지 못했다.

집 떠나면 고생이라더니….

에고, 나이가 어리다고 술집에서도 받아 주질 않네.

스티븐, 방에서 혼자 청승맞게 뭐해?

우리 나가자!

스티븐의 대학 생활은 친구들과 어울리며 제자리를 찾아갔다.

특히 스티븐은 조정 경기에 매료되었다.

이번 조정 경기에서는 어느 대학이 이길까?

무조건 우리 옥스퍼드가 이겨야지!

고든! 우리도 조정팀에 들어가자!

그건 어려울 거야.

너나 나나 체구도 작은데 어떻게 덩치 큰 애들과 경쟁할 수 있겠니?

조정 경기 한 팀은 8명의 조수가 노를 젓고 타수 1명이 방향을 조종해

따라서 타수는 체구가 작고 가벼울수록 좋아.

그럼 너와 나는 타수로 제격이네.

타수는 작전을 짜고 조수들에게 명령해야 하기 때문에 리더십도 있고 똑똑해야 해. 너와 나처럼 말이야! 하하!

스티븐과 고든은 둘 다 조정팀의 타수로 뽑혔다.

우리 대학 조정팀의 라이벌은 케임브리지대학 조정팀이다.

하지만 그 전에 꼭 이겨야 할 상대가 있다.

바로 우리와 같은 옥스퍼드대학의 트리니티 칼리지 팀이다.

다음 달에 우리 팀과 트리니티 칼리지 팀의 시합이 있으니 모두 열심히 연습하도록!

네!

스티븐! 네가 방향을 잘못 인도해서 배가 엉뚱한 데로 갔잖아. 강둑에 부딪쳐 노도 부러지고 말이야.

헤헤, 미안! 그래도 기록은 점점 좋아지고 있잖아.

조정 연습은 잘되고 있냐?

물론이지. 내 리더십은 타고났어! 하하!

작고 가냘픈 체구에 낙천적인 성격의 소유자.

대학 생활에 적응하지 못하고 외로움을 많이 타던 스티븐은 조정을 배우면서 점점 쾌활하고 활동적으로 변해 갔다.

스티븐, 물리실험 시간인데 어디 가니?

지금 조정 연습 하러 가는 중이야.

잰 물리학이 아니라 조정을 전공하는 것 같아.

매일 조정 연습만 하고 있으니 공부는 언제 한다니?

잰 천재야. 물리학이 아주 쉽잖아.

공부에 소홀한 편이었지만 스티븐은 교수와 학생들 사이에서는 가장 뛰어난 학생으로 통했다.

전자기학 과제로 13개의 문제를 내겠다. 어려운 문제들이니 전부 풀려고 고생하지 않아도 좋다.

내 방에 가서 함께 문제 풀자!

좋아.

휴, 이제 겨우 한 문제 풀었네.

또 한 문제는 반밖에 못 풀었어!

오늘은 너무 지쳤으니 나머지는 내일 풀도록 하자.

스티븐은 오늘 낮에도 조정 연습하러 가던데

과제는 언제 할지 걱정이야!

걔가 아무리 똑똑해도 이번 과제는 쉽지 않을걸.

야, 스티븐! 넌 전자기학 과제 몇 문제나 풀었냐?

겨우 열 문제밖에 못 풀었어.

거봐. 천재야 천재!

다른 별에서 온 아이 같아.

스티븐, 이번 물리경시대회에 나간다며?

응.

넌 경시대회 준비 안 하고 또 조정장에 연습하러 가는 거냐?

그거야 뭐 평소 하던 대로 하면 되는건데 뭐!

이번 경시대회 문제는 아주 쉬운걸. 시간이 남잖아!

끙

이번 물리경시대회 1등 스티븐 호킹에게 상장과 상품을 수여합니다.

늘 내가 1등이니 좀 쑥스러운걸.

짝

짝

짝

외롭고 쓸쓸했던 첫 해와
세상 부러운 게 없던 둘째 해가 지나고,
마지막 해가 저물고 있었다.

지난 3년이 쏜살같이 지났네.
그동안 공부는 열심히 하지 않고
정말 신나게 놀았는데….

그래도 하루에 1시간쯤 공부했으니
1천 시간은 공부한 셈이네. 헤헤.

이제 졸업시험도
얼마 남지 않았으니
공부 좀 해야겠는걸.

또 졸업 후에
대학원 전공은?
아, 슬슬
걱정되네.

낙천주의자 스티븐에게도
불확실한 미래는 걱정이었다.

1962년

스티븐,
졸업시험 준비는
잘 되어 가나?

네, 요즘엔 하루에
몇 시간씩 졸업시험
준비를 하고 있습니다.

졸업 후에도
물리 공부는
계속할
생각이겠지?

물론이에요.
저는 물리학에
제 인생을 걸
생각입니다.

자넨 내가 가르친
학생 중에서도 가장
뛰어난 학생이야.

자넨 훌륭한 물리학자가 될걸세.

전공은 정했겠지?

그게, 저, 전공은 아직….

지난 번 왕립 칼리지 천문대에서 울리 교수의 쌍성 관측 수업을 들었지? 천체 관측은 재미있던가? 천체물리학이 전도유망한 분야지.

아-함

사실 밤새도록 천체망원경과 씨름하는 일은 좀 지루했어요. 아무래도 제 적성은 실험이나 관측보다는 이론인가 봐요.

요즘 가장 관심을 받고 있는 이론물리학 분야에는 두 가지가 있네. 하나는 입자물리학이고 또 하나는 우주론이지.

입자물리학은 양성자나 중성자, 전자 같은 기본 입자들을 다루는 분야지.

그런 입자들의 미시 세계를 다루는 데 꼭 필요한 것이 양자역학이야. 물론 양자역학은 아직 불완전하기는 해.

양자역학은 뭔가 명확하지 않은 것 같아 좀 미심쩍어요. 새로운 입자를 계속 찾아내고 있는 것만 봐도 그래요.

그럼 우주의 기원과 진화를 밝히는 우주론은 어떤가? 우주론을 하려면 일반상대성이론은 꼭 필요해.

간략하게 살펴보는 우주의 역사

태양과 달과 별 그리고 우리가 사는
세상은 어떻게 만들어진 것일까?
또 사람은 맨 처음 어떻게 태어나게 되었을까?
사람들은 아주 오래전부터 이 질문의 답을
알아내려고 노력해 왔다.

오, 신비스러운 별이여.
그대는 어떻게 탄생했는가?
또 우리는 어디에서 와서
어디로 가는 존재란 말인가?

옛날 사람들은 맨 처음 신화에서 그 답을 찾았다.

세상은 카오스라고
불리는 혼돈스러운
덩어리에서 태어났다오.
카오스에서 어둠과 빛이
갈라지고….

그럼 카오스는
어떻게
만들어졌나요?

카오스는 카오스일 뿐 더 이상 알려고
하지 마시오!

끄응~ 첼!

자연현상의 원리와
우주의 모습을
맨 처음 이성적으로
설명하려고 노력한
사람은 아리스토텔레스
같은 고대 그리스
철학자들이었다.

아리스토텔레스(Aristoteles,
기원전384~기원전322)
플라톤의 가장 뛰어난 제자였으며
스승 못지않게 방대한 학문적
성취를 남겼다.

우리가 사는 지구가 바로 우주의 중심이오.
태양과 달, 그리고 행성과 별은 지구 둘레를
돌지요. 천체들은 아주 신성한 존재라오.
그래서 가장 신성한 운동인 원운동을 하며
지구 둘레를 도는 거요.

아리스토텔레스보다 한참 늦게 태어난 아리스타르코스는 다른 주장을 펼쳤다.

아리스타르코스(Aristarchos, 기원전310~기원전230 추정)
지동설뿐만 아니라 별은 아주 먼 거리에 있다는 주장도 했다.

지구가 우주의 중심이라니 당치도 않소.

우주의 중심은 태양이고 지구는 다른 행성들처럼 태양 둘레를 돌고 있소.

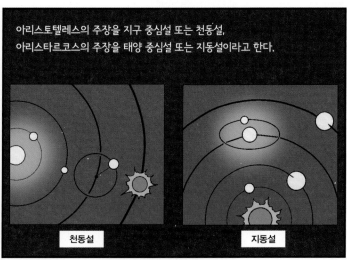

아리스토텔레스의 주장을 지구 중심설 또는 천동설, 아리스타르코스의 주장을 태양 중심설 또는 지동설이라고 한다.

천동설

지동설

알렉산드로스 대왕의 스승인 내 가르침을 감히 누가 거스른단 말인가! 지동설은 엉터리야. 지구가 움직인다면 어지러워서 모든 사람이 쓰러지고 말걸세.

과학은 가끔 진실보다 권위에 휘둘리기도 한다.

아리스토텔레스의 천동설은 프톨레마이오스라는 위대한 천문학자 덕분에 더욱 발전했다.

프톨레마이오스(Klaudios Ptolemaeos, 85~165 추정)
코페르니쿠스 이전 최고의 천문서로 일컫는 『알마게스트』를 남겼다.

화성 같은 행성들은 가끔 밤하늘에서 반대 방향으로 이동하기도 해요.

순행

역행

순행

나는 주전원이란 개념을 고안해 이 문제를 해결했지요.

프톨레마이오스는 화성이 작은 원을 그리며 지구 둘레를 공전한다고 생각했다. 그 작은 원이 바로 주전원이다.

화성이 주전원 위를 B에서 A로 이동할 때 지구에서는 화성이 순행하는 것으로 보이고, A에서 B로 이동할 때는 역행하는 것으로 보이지요.

천동설은 여러 가지 문제점이 많았지만 아리스토텔레스의 권위와 프톨레마이오스의 업적 그리고 교회의 지원에 힘입어 2천 년 가까이 서구 사회의 세계관을 지배했다.

하느님은 어둠과 빛을 가르시고 하늘과 땅을 만드셨으며, 해와 달과 별과 행성을 만드셨습니다. 또 흙으로 사람을 빚어 숨을 불어 넣으셨지요.

하느님이 만드신 땅과 바다가 바로 우리가 살고 있는 지구이니, 지구가 우주의 중심에 놓인 것은 당연합니다. 하느님이 지구를 우주의 변두리에 놓으셨을 리가 없으니까요.

교회가 위세를 떨치는 동안 유럽에서는 누구도 천동설을 부정하지 못했다. 하지만 아리스타르코스가 죽고 1700년이 지났을 무렵 지동설을 조심스럽게 들춰낸 사람이 나타났다.

니콜라우스 코페르니쿠스
(Nicolaus Copernicus, 1473~1543)
폴란드 천문학자

화성이 작은 원을 그리면서 지구 둘레를 돈다고? 뭐가 이렇게 복잡해! 머리가 빙글빙글 돌겠네. 행성의 역행을 좀더 쉽게 설명하는 방법이 없을까?

오호! 우주의 중심에 태양이 놓여 있다고 주장하는 사람도 있었네! 이 모형으로도 화성의 역행을 설명할 수 있을까?

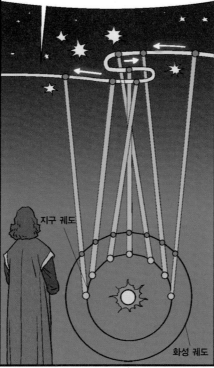

화성이 지구보다 바깥 궤도를 돌면서 두 천체가 일정한 속도로 태양 주위를 공전하고 있다면, 지구의 위치에 따라 지구에서 바라보는 화성의 위치도 달라질 것이다. 즉 화성이 실제로 순행과 역행을 반복하는 것이 아니다.

지구 궤도

화성 궤도

지동설은 천동설보다 훨씬 단순해. 또 지동설로도 화성의 역행 같은 복잡한 천체 현상을 잘 설명할 수 있어.

그렇다면 천동설은 옳고 지동설을 그르다고 주장할 수도 없는 것이다. 내 생각에는 지동설이 천동설보다 나은데….

코페르니쿠스는 자신의 책이 출판되는 날 숨을 거두었기 때문에 교회의 박해를 피할 수 있었다. 하지만 역시 지동설을 지지한 이탈리아 철학자 조르다노 브루노는 교회의 가르침을 거스른 죄로 종교재판을 받아 화형을 당했다.

교회의 억압 속에서도 지동설을 지지하는 강력한 증거를 제시한 사람이 나타났으니 그가 바로 갈릴레이다.

갈릴레오 갈릴레이
(Galileo Galilei, 1564~1642)
이탈리아 물리학자, 수학자, 천문학자

지구는 우주의 중심이 아니라 태양 둘레를 돌고 있소! 또 태양도 수많은 별의 하나에 지나지 않소!

갈릴레이는 자신이 직접 만든 천체망원경으로 달의 표면을 관측하고, 목성의 위성과 태양의 흑점을 발견했다. 또 행성들의 움직임을 연구하여 지동설이 옳다고 확신하게 되었다.

음, 천동설 지지자들의 주장과 달리 달 표면이 매끄럽지 않고 울퉁불퉁하군.

갈릴레이도 지동설을 주장하다 종교재판을 받았으나 목숨은 건졌다.

피고는 교회의 가르침을 무시하는 불경죄를 저질렀으므로 평생 집안에서 반성하도록 하시오.

코페르니쿠스와 브루노, 갈릴레이 같은 선구자들의 노력 덕분에 천동설은 설 자리를 잃어 가고 지동설은 더욱 확고해졌다.

모든 행성은 태양 둘레의 타원 궤도를 따라 돈다오. 원 궤도가 아니에요.

행성

태양

요하네스 케플러
(Johannes Kepler, 1571~1630)
독일 천문학자

아이작 뉴턴(Isaac Newton, 1642~1727)
영국인이 자랑스러워하는 물리학자이자 수학자. 그가 평생 연금술에도 심취했다는 것은 이제 널리 알려진 사실이다.

모든 물체 사이에는 서로 끌어당기는 힘, 즉 중력이 작용합니다.

태양과 행성 사이에도 중력이 작용하지요.

지동설을 주장한 과학자들만 해도 태양계가 우주라고 생각했다. 하지만 허셜 같은 천문학자들은 개선된 천체망원경으로 태양계 너머에서도 많은 천체들을 발견했다.

프리드리히 허셜(Friedrich William Herschel, 1738~1822)
독일 태생의 영국 천문학자. 아들인 존 허셜도 아버지를 이어 천문학사에 새로운 발견을 더했다.

우주는 태양 같은 별이 모여 이루어져 있어요. 우주의 모습은 납작한 원반 모양이지요.

천문학자들은 태양계를 포함하는 커다란 별의 집단, 즉 은하가 우주라고 생각하게 되었다.

태양

사람들이 생각하는 우주는 점점 커졌다. 지구에서 태양계를 거쳐 은하까지. 그리고 미국 천문학자 허블의 등장으로 우주는 은하 밖으로도 펼쳐진다는 사실이 밝혀졌다.

우리은하 밖에도 수많은 은하가 펼쳐져 있습니다. 우주는 여러 가지 모양의 수많은 은하들이 모여 이루어진 커다란 집단이에요. 게다가 은하들은 서로 멀어지고 있어요!

허블의 은하 분류

나선은하

타원은하

막대나선은하

에드윈 허블(Edwin Powell Hubble, 1889~1953)
1925년 '적색편이'를 발견하여 우주팽창설의 토대를 제공했다.

우주가 팽창하고 있다는 사실에 과학자들은 흥분했다.

우주는 오래전 아주 작은 점에서 대폭발을 일으킨 후 지금까지 계속 팽창하고 있습니다.

조지 가모프(George Gamow, 1904~1968)
러시아 태생 미국 이론물리학자. 틀에 얽매이지 않는 '수평사고'로 획기적인 아이디어를 제안하곤 했다.

하지만 대부분의 과학자들은 우주 팽창을 믿지 않았다.

우주가 팽창하고 있다니 웃기는 얘기군. 우주는 옛날이나 지금이나 늘 변함없이 그대로야.

프레드 호일(Fred Hoyle, 1915~2001)
정상우주론을 대표하는 영국 천문학자.

우주는 영원히 변하지 않는 걸까 아니면 계속 팽창하는 걸까?

스티븐이 유니버시티 칼리지를 졸업할 무렵, 정상우주론과 팽창우주론은 서로 힘겨루기를 하고 있었다.

그래. 내가 해야 할 일은 선배 과학자들의 뒤를 이어 우주의 신비를 밝혀내는 거야. 우주론은 내 성향에도 딱 맞아.

벌떡

우주론을 전공하려면 아무래도 옥스퍼드보다는 케임브리지가 좋겠지. 케임브리지에는 최고의 우주론자인 호일 교수님이 계시잖아.

프레드 호일은 별의 핵융합 과정의 이론을 세우는 데 크게 기여했다.

헬륨보다 무거운 원소들은 별의 내부에서 일어나는 핵융합 반응으로 만들어집니다.

호일은 라디오의 과학 프로그램에도 출연하는 등 과학 대중화에도 활발하게 활동했다.

앗, 호일 교수님.

호일 교수님, 팽창우주론에 대해 어떻게 생각하십니까?

정상우주론의 리더인 호일 교수는 팽창우주론을 심하게 비난했다.
빅뱅이라는 말도 호일 교수가 팽창우주론을 조롱하려고 만들어낸 말이었다.

우주가 '뻥(bang)' 하고 폭발하여 만들어졌다니 우주가 무슨 뻥튀기란 말입니까!

허허허.

호호.
호일 교수님은 참 재미있는 분이셔.

그런데 케임브리지에 가려면 1등급 평가를 받아야 하는데 운동에 빠져서 학업을 소홀했으니 어쩐다지?

스티븐은 시험 문제를 하나도 풀지 못하는 악몽을 꾸었다.

으악, 문제가 너무 어려워!

다음 날 아침

스티븐, 시험이 며칠 남지 않았는데 준비 잘되어 가니?

난 꼭 1등급을 받아야 하는데 그동안 공부를 너무 안 해서 걱정이야.

우리 중에서 1등급 받을 애는 고든뿐일 거야.

시험 문제 여러 개 중에서 한 문제만 선택해서 풀면 된다고 하니 기대를 해봐야지 뭐.

하긴, 넌 천재이니 한 문제야 쉽게 풀 수 있겠지.

천재는 무슨 천재.

이럴 줄 알았으면 공부 좀 해둘걸. 후회 막심.

엄살은….

스티븐, 넌 몇 등급 받았니?

고든은 2등급이래.

그게 말이야. 1등급과 2등급 사이야.

아직 구술시험이 남아 있잖아. 그때 잘하면 1등급 받을 수 있을 거야.

고마워. 너희도 구술시험 잘 봐!

46

구술시험 보는 날

졸업 후 계획은 정했나?

1등급을 받으면 케임브리지대학교에 갈 겁니다.

못 받으면 옥스퍼드에 남아야지요.

우리 대학도 좋은데 왜 케임브리지 가려는 건가?

거기에 우주론을 전공하시는 교수님들이 있기 때문입니다. 전 우주론을 공부하고 싶거든요. 그러니 꼭 1등급을 주셨으면 합니다.

좋은 생각이네. 자신의 특기와 전공을 살리는 게 학교보다 더 중요하지.

야호! 케임브리지여 기다려라, 내가 간다!

스티븐은 세상 모든 것을 얻은 것처럼 기뻤다.

하지만 호사다마라고 했던가. 스티븐의 일생을 흔들 암울한 그림자가 드리우기 시작했다.

어?

손가락이 잘 움직이지 않네. 잠을 잘 못 자서 그런 건가?

툭

1962년 마지막 학기 어느 날

어어…

다리가 마비된 것 같아!

휘청

스티븐! 정신 차려!

기절했어. 그래도 크게 다치진 않았나 봐. 어서 방으로 옮기자.

으윽.

스티븐, 정신이 좀 드니?

스티븐? 그게 누구야? 여긴 어디야?

넌 스티븐 호킹이야. 여긴 학교고 말이야. 너, 계단에서 넘어진 거 생각 안 나?

머리가 좀 혼란해. 잠 좀 자야겠어.

그래, 푹 자고 나면 나아질 거야.

며칠 후

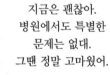

지금은 괜찮아. 병원에서도 특별한 문제는 없대. 그땐 정말 고마웠어.

스티븐, 몸은 좀 괜찮아졌니?

케임브리지대학 입학과 수수께끼 같은 질병. 스티븐의 앞날에는 두 가지 엇갈린 운명이 기다리고 있었다.

48

3

시아머 교수와 제인을 만나다

1962년 가을, 케임브리지대학

와, 엄청난데! 이 건물이 도서관이군.

옥스퍼드대학보다 훨씬 넓은 것 같아.

내가 공부할 곳은 응용수학 및 이론물리학과란 말이지.

이번에 새로 입학한 스티븐 호킹이라고 합니다.

오, 반갑네. 자네 지도교수는 데니스 시아머 교수님이니 교수실로 찾아가 보게.

네? 호일 교수님이 아닌가요?

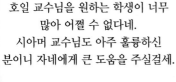

호일 교수님을 원하는 학생이 너무 많아 어쩔 수 없다네. 시아머 교수님도 아주 훌륭하신 분이니 자네에게 큰 도움을 주실걸세.

데니스 시아머 교수님이 도대체 어떤 분이야?

● 데니스 시아머(Dennis William Sciama, 1926~1999) 영국 우주물리학자. 30대 중반의 시아머 교수는 일반상대성이론과 블랙홀의 연구에 기여한 유능한 학자였다. 또한 호킹을 비롯해 뛰어난 과학자를 많이 길러낸 스승이기도 했다.

51

안녕하세요? 교수님께 지도받게 된 스티븐 호킹이라고 합니다.

어서 오게, 호킹 군.

우주론에 관심이 많다고 들었네만.

아직 아는 게 별로 없어서요.

우주는 영원히 변하지 않는다는 주장이 정상우주론일세. 우리 학교의 프레드 호일, 허먼 본디, 토머스 골드 교수가 정상우주론의 삼총사라네. 아주 대단하신 분들이지.

호일 교수가 '큰 꽝'(빅뱅)이라고 비웃었지만 팽창우주론도 최근에는 활발하게 연구되고 있지.

교수님은 어떤 이론이 실제와 가깝다고 생각하세요?

글쎄, 현재 내 의견은 호일 교수와 가깝지만, 어떤 이론이 옳은지는 아직 논란의 여지가 많다고 생각하네. 우주론에 관해서는 혼돈의 시대야.

자네 같은 젊은 과학자가 할 일이 아주 많은 셈이지.

그렇군요.

수학 공부는 많이 해두었나?

우주론을 하려면 일반상대성이론을 아주 잘 다루어야 하거든.

그게 저, 학부에서 수학 공부를 열심히 하지 않아서….

일반상대성이론을 이해하려면 복잡한 계산이 많지. 자네는 아주 똑똑한 학생이라고 들었으니 노력만 한다면 충분히 해낼 수 있을걸세.

시아머 교수님은 아주 객관적이고 친절하신 것 같아.

또 훌륭한 과학자이니 많은 도움을 받을 수 있겠어.

어쩌면 나에게는 시아머 교수님이 나을지 몰라.

호일 교수님은 너무 유명해서 해외 강연도 자주 나가시니 자리를 비울 때가 많잖아. 그럼 학생 지도에도 소홀하실 거야.

윽, 일반상대성이론이 이렇게 힘들 줄이야. 이럴 줄 알았으면 수학 공부를 더 열심히 해 둘걸….

에고, 머리를 식힐겸 음악이나 듣자.

옥스퍼드의 시작을 힘겹게 보냈던 것처럼 케임브리지의 시작도 힘겨웠다.

이번 크리스마스 휴가엔 집에 가서 가족과 친구들을 만나야지. 친구들 모습이 눈에 선하구나.

1963년 1월 8일
스티븐의 생일 파티

뚝 뚝 뚝

손님이 왔나
보구나.

내가 나가 보마.

누구시죠?

제인이라고
합니다.

스티븐의 친구인데
오늘 생일 파티에
초대받았어요.

그래요, 어서
들어와요.

스티븐!
제인이라고 하는
예쁜 아가씨가 왔는데
어서 와 보렴.

스티븐, 생일 축하해!

제인, 왔구나.

엄마, 내 친구 바실 집에서 신년 파티를
열었을 때 알게 된 제인이에요.

정식으로 인사드릴게요.
제인 와일드예요.

반가워요,
제인.

밖에 나가 머리 좀 식히려고 하는데 함께 나갈래?

좋아.

별들이 빛나는 밤하늘은 참 아름다워.

밤하늘은 영원히 변하지 않겠지?

우주는 고요한 곳이라고 생각했는데 그런 일이 일어나고 있다니 믿어지지 않아.

우리 학교 교수님들은 대부분 우주가 변하지 않고 늘 같다고 생각하셔. 하지만 우주가 아주 오래전 엄청난 폭발로 태어나 계속 팽창하고 있다고 주장하는 과학자들도 많아.

넌 어떻게 생각하는데?

후후, 그야 아직 모르지. 난 이제 공부를 시작했을 뿐이니까. 참! 너도 대학 갈 때가 되지 않았니? 옥스퍼드나 케임브리지는 어때?

그럴 만한 실력은 안 돼. 돌아오는 가을에 런던의 웨스트필드 칼리지에 갈 생각이야.

거기에서 언어학을 공부하려고 해.

그래. 누구나 자신이 좋아하는 공부를 하는 게 좋아.

우리 여기에 앉아 별을 더 볼까?

그래. 별이 점점 더 많이 보이는 것 같아.

스티븐은 제인을 좋아하고 있었다. 자신에게 다가오는 잔인한 시련은 조금도 감지하지 못한 채….

며칠 후

애야, 요즘 손놀림이 좀 어색하더구나.

혹시 어디 아픈 거니?

저도 웬지 모르게 움직임이 이상하다는 걸 자주 느꼈어요. 친구에게 포도주를 따르다가 그만 옆에 쏟아 버린 적도 있어요.

지난번 중동 지역을 여행할 때 무슨 균에 감염된 건 아닐까?

그게 벌써 얼마나 지난 일인데요. 지난해 여름 아니었니?

지난해 여름 맞아요. 하지만 그때 감염된 건 아닐 거예요.

아직 병인지 아닌지도 확실히 모르고요.

그래도 걱정되는 건 사실이에요. 가끔 교수님과 이야기를 나눌 때에도 더듬거리게 되거든요. 당황한 것도 아닌데 말이에요.

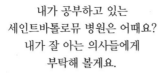

서둘러 정밀 검사를 받자꾸나. 어느 병원이 좋을까?

내가 공부하고 있는 세인트바톨로뮤 병원은 어때요? 내가 잘 아는 의사들에게 부탁해 볼게요.

그래 거기가 좋겠다. 이번에 꼼꼼하게 살펴봐야 해.

그게 좋겠어요.

1963년 초 세인트바톨로뮤 병원

자, 이제 척추에 주사바늘을 꽂을 겁니다.

많이 아픈가요?

많이 아프니 잘 참아야 해요.

의사는 스티븐의 척추에 기다란 주사바늘을 깊숙이 찔러 액체를 주입했다.

으윽!

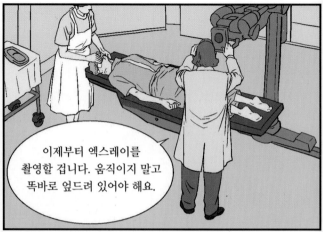

이제부터 엑스레이를
촬영할 겁니다. 움직이지 말고
똑바로 엎드려 있어야 해요.

선생님,
도대체 어떤
병인가요?

음….

ALS라고, 근위축성측삭경화증이라는
아주 희귀한 병이에요.
운동신경병이라고도 하지요.

그게 무슨 병이죠?

근육세포가
점점 퇴화하여
몸이 마비되는
병이에요.

미국에서는 루 게릭°이라는
유명한 야구선수가
이 병으로 목숨을 잃었다.
그래서 세상 사람들에게는
루게릭병으로 널리
알려져 있다.

● **헨리 루이스 게릭**(Henry Louis Gehrig, 1903~1941) 뉴욕 양키스 소속의 전설적인 프로야구 선수. 양키스 구단은 그의 등번호 4번을 영구 결번으로 지정하여 그를 기렸다.

고칠 수는 있는 건가요?

이 병은 불치병이에요. 아직 원인도 모르고 치료법도 모르는….

그럼 전 어떻게 되는 거죠?

몸은 점점 움직일 수 없게 되지만 뇌와 폐 같은 기관에는 영향을 주지 않아요. 호흡을 하고 정신 활동을 하는 데 지장이 없다는 뜻이에요.

폐도 근육으로 이루어졌으니 결국 숨을 못 쉬게 되겠군요. 제게 남은 시간이 얼마나 되나요?

젊은 사람일수록 증세가 더 빠르게 나빠지니 아마 2년쯤이면….

집에 돌아온 스티븐은 모든 것을 포기한 채 침대에 누워 있기만 했다.

왜 내게 이런 일이 일어난 걸까?

내가 곧 죽어야 한다니 말도 안 돼!

무슨 생각이 들었는지 스티븐은 갑자기 욕조에 물을 채우기 시작했다.

쏴

아

점점 숨도 못 쉬게 된다고 했지?

으윽, 조금만
더 참아야지…

56초

57초

58초

푸!
숨은 충분히 참을 수 있군.
폐는 아직 이상이 없어!

숨을 제대로 쉴 수 없다면 얼마나 끔찍할까? 스티븐은 아직
숨 쉬는 데 이상이 없다는 사실에 마음이 놓였다.

아직 박사학위 준비도 못했는데….
내 꿈을 펼칠 기회도 없이 죽어야
하다니, 억울해.

바그너구나….

잠시 후 몽롱한 상태에서
갑자기 입원했을 때의
기억이 떠올랐다.

스티븐의 맞은편 병상에는 얼굴이 창백한 한 소년이 미소를 띤 채 그를 바라보고 있었다. 소년은 백혈병 환자였다.

저기 있던 아이는 어디 갔어요?

지난밤을 넘기지 못했어요.

그 아이는 병으로 고통을 받으며 죽어갔어. 난 그 아이보다 훨씬 나은 편이야.

사람은 누구나 죽는다. 내 삶은 남보다 조금 짧을 뿐이야. 그래도 그 아이보다는 오래 살잖아.

어차피 죽을 바에는 내가 하고 싶은 일을 하다 죽어야 하지 않겠어? 이제부터 더 열심히 살아야 해!

며칠 전 제인에게서 전화가 왔어요.

제인이 누구요?

스티븐의 생일 파티에 왔던 여자 친구 말이에요.

아, 기억이 나는구려.

제인이 뭐라고 해요?

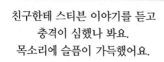

친구한테 스티븐 이야기를 듣고 충격이 심했나 봐요. 목소리에 슬픔이 가득했어요.

스티븐을 위해 기도해 달라고 말했어요.

우리 스티븐을 아주 좋아하나 보군. 하지만 제인도 스티븐에게 해줄 수 있는 것은 아무것도 없으니….

아무래도 내가 스티븐의 지도교수를 한번 만나 봐야겠소.

그건 왜요?

박사학위를 앞당겨 받는 방법을 찾아 봐야 하지 않겠소?

그게 가능할까요? 스티븐에게 특혜를 주는 건데.

스티븐에겐 남은 시간이 별로 없어.

그게 내가 스티븐에게 해줄 수 있는 마지막 선물이오.

시아머 교수의 집 앞

시아머 교수님
이신가요?

그렇습니다만,
누구신지요?

프랭크 호킹입니다.
스티븐의 애비됩니다.

그러세요?
안으로
들어가시지요.

저도 이야기를 들었습니다.
젊은 나이에 안타까운 일입니다.
혹시 제가 도와드릴 일이라도 있는지요?

스티븐이 박사학위를
빨리 받도록 도와
주셨으면 합니다.

지금 그 아이에게
남은 희망이라곤
죽기 전에 박사학위를
받는 것뿐입니다.

제게는 과학이라는
학문과 학생들이 전부입니다.
물론 스티븐의 딱한 처지를
이해 못하는 것은 아닙니다.

하지만 스티븐에게 특혜를
준다면 그건 학문에 대한 올바른
자세가 아닙니다.

열심히
노력하는
다른 학생들에게는
면목이 서질 않고요.
그 부탁은 들어
드릴 수가 없네요.
정말 죄송합니다.

교수님 심정 충분히 이해합니다. 이런 일로 찾아온 제가 부끄러울 뿐이지요.

그럼 이만 가보겠습니다.

시아머 교수와 프랭크는 스티븐을 위해서 해줄 일이 없다는 사실에 마음이 무거웠다. 하지만 스티븐은 자신의 운명을 견뎌낼 힘을 가지고 있었다. 더 나아가 스티븐에게 삶의 의미를 되찾아 줄 사람도 있었다.

제인!

스티븐은 케임브리지로 돌아가 학업에 전념하기로 했다.

여긴 웬일이니?

스티븐! 너 학교로 돌아가나 보구나.

나도 마찬가지야.

제인은 뜻밖에 당당한 스티븐을 보고 놀랐으나 내색을 하지는 않았다.

너… 괜찮니?

응, 나야 늘 쾌활하잖아.

빛은 1초에 지구 둘레를 일곱 바퀴 반이나 돌 만큼 빨라. ……

와! 대단하구나.

스티븐과 제인은 기차 안에서 여느 커플처럼 시간 가는 줄 모르고 신나게 떠들었다.

내 마음에는 이미 스티븐이 자리 잡고 있어. 내 삶을 함께할 사람은 스티븐이야. 몸이 불편한 스티븐에겐 내가 필요해.

제인과 함께 있으면 왜 이렇게 행복할까. 제인은 내 삶에 의미를 주는 사람이야.

우리 언제 영화 보러 갈래? 이탈리아 식당에서 멋진 식사도 하고 말이야.

좋아!

스티븐과 제인은 둘 사이에 흐르는 묘한 감정을 서로 느끼고 있었다.

런던의 한 오페라극장

난 바그너의 작품이 최고라고 생각해. 바그너는 브람스보다 훨씬 훌륭해.

후후, 브람스를 좋아하는 사람은 네 의견과 다를걸.

어, 조심해!

어어!

탁

네 몸 상태가 점점 나빠지는 것 같아.

아, 아니야. 발을 헛딛었을 뿐이야.

몸 상태가 눈에 띄게 나빠졌어. 스티븐은 자기 병에 대해 말하고 싶지 않을 거야. 우린 어떻게 될까?

어떻게 이런 몸으로 장래를 약속할 수 있겠어? 제인에게는 짐만 될 뿐이야.

봄이 되자 제인은 에스파냐로 떠났다. 거기에서 한 학기를 보낼 생각이었다.

스티븐 나는 잘 지내고 있어. 네 몸은 많이 좋아졌는지 궁금하다. …

오늘도 답장이 오질 않네. 스티븐에게 무슨 일이라도 생긴 걸까?

하루하루 시련 속에서 살아가던 초여름의 어느 날, 많은 사람들에게 스티븐의 존재를 알리는 작은 사건이 일어났다.

● **자얀트 날리카**(Jayant Narlika, 1938~) 당시 프레드 호일 밑에서 박사 과정을 밟고 있던 대학원생.

1964년 6월 왕립학회 발표장

저는 정상우주론이 최근의 우주 관측 사실에 부합하도록 일반상대성이론을 약간 수정했습니다.

그렇게 해서 정상우주론으로 우리 우주를 충분히 설명할 수 있게 되었습니다.

기막힌 이론이군요.

역시 호일 교수는 정상우주론의 대가예요.

네, 고맙습니다.

혹시 질문이 있습니까?

거기 맨 뒤 질문하세요.

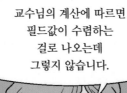

교수님의 계산에 따르면 필드값이 수렴하는 걸로 나오는데 그렇지 않습니다.

그 값은 발산합니다.

자네가 잘못 알고 있는 걸세. 필드값은 발산하지 않네.

아닙니다.
교수님 계산은
틀렸습니다!

제가 계산해 봤거든요.
틀림없습니다.

자네는 내 계산이
틀렸다는 걸
어떻게 확신하나?

그럼 호일 교수가 발표하는
동안 머릿속으로 계산했다는 건가?
놀랍군!

저렇게
확신을 하니
허튼소리는
아닌 것 같군요.

나를 곤란하게 만들려고
누가 시킨 것 아닌가?

어떻게
발표 중에
그런 말을
할 수 있나?

저는 그냥 틀린 걸
틀렸다고 말했을 뿐입니다.
그게 다예요.

난 내 계산 결과를 이야기했을 뿐인데 내가 뭘 잘못했다는 건지….

어쨌든 이 일로 스티븐은 사람들에게 강한 인상을 남겼다. 또 자신이 우주의 팽창에 관해 연구해야겠다고 막연하게나마 생각하게 되었다. 하지만 지도교수인 시아머는 그런 돌출 행동을 하는 스티븐이 못마땅했다.

호일 교수님을 그렇게 민망하게 만들다니 자네 행동은 너무 심했네!

제가 정상우주론을 공격했기 때문인가요? 교수님도 정상우주론자시잖아요?

그게 아니야.

난 학생들이 내 의견을 따르도록 강요하지 않네. 내 의견과 다른 의견을 주장한다고 해서 학생들을 다그치지도 않지.

자네의 마음 자세가 옳지 않다고 생각할 뿐이야.

무슨 말씀인지요?

사람에게는 누구나 어려운 시절이 있어. 나도 마찬가지였다네. 아버지는 내가 물리학자가 되는 걸 싫어하셨거든. 내가 가업을 잇기를 원하셨지.

아버지는 학비를 내줄 수 없으니 장학금을 타라고 말씀하셨어. 그럼 내가 물리학을 포기할 거라고 생각하셨던 거야.

그건 이번 일과 무슨 상관이 있나요?

내 이야기를 더 들어보게.

자네는 내가 젊은 시절에 겪었던 일보다 훨씬 더 힘든 일을 겪고 있네. 살 수 있는 시간이 얼마 없지. 그렇다고 언제까지 자포자기 상태에서 지낼 수는 없지 않겠나?

자네는 남의 잘못을 들추거나 공격하는 일 말고도 더 멋진 일을 할 수 있어.

더 멋진 일이라고요?

그래. 다른 사람은 생각하지도 못하는 자네만의 독창적인 연구 말일세. 자네는 충분히 그럴 능력을 가지고 있어.

……

세상은 정상우주론과 팽창우주론의 논쟁을 끝낼 천재를 기다리고 있어. 또 우주에는 수많은 미지의 현상들이 숨어 있지. 그런 문제를 풀어내는 것이 자네가 진짜 해야 할 일이란 말일세.

시아머 교수님 말씀이 옳아. 나는 그동안 길을 잃은 채 방황하고 있었어.

이제 내 길을 가야겠어!

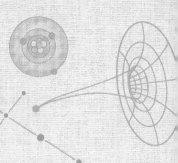

BLACK HOLE

4

특이점 에서
시작한 우주

케임브리지에 입학한 후 2년 동안 스티븐의 병세는 눈에 띄게 나빠졌다.

벽을 잡지 않으면 제대로 설 수도 없구나.

엇! 이런 책을 떨어뜨렸잖아.

이제 손도 마음대로 움직일 수가 없어.

툭

휴, 지팡이를 짚으니 좀 걸을 수 있겠어.

어어… 지팡이가 걸렸어.

콰당

스티븐의 걸음걸이는 언제 어떻게 될지 모를 만큼 불안했다.

스티븐,
어떻게
된 거야?

아직 지팡이 짚고
걷는 데 서툴러서 그런 거야.

난 괜찮으니
걱정 마.

전혀 괜찮아
보이지 않는데.

어디까지
가실 겁니까?

더욱 답답한 것은 혀가 굳으면서
말이 점점 어눌해진다는 것이었다.

벼어언이여.

뭐라고요?
좀 똑똑히 말해
주세요.

벼어언원이라고요!

손님,
병원이라고요?

네.

스티븐, 이제 더 이상 손을 쓸 수가 없어 면목이 없네.

지냉 소오옥도를 느우추는 야기라아도 업스을가요?

모든 건 자네 운명에 달렸네.

난 할 일이 있어. 마음을 다지고 연구를 계속해야 해!

아, 제인이 이 사실을 알게 되어도 나를 계속 좋아할까?

1964년 가을, 케임브리지 교정

제인! 오랜만이야.

스티븐, 정말 보고 싶었어.

몸은 좀 어때?

응, 그렇지 뭐. 이제 병원에서도 손을 쓸 수 없대.

힘내. 넌 어떻게 해서든 견뎌낼 수 있을 거야. 박사학위도 받고 연구도 계속해야지.

그럼, 난 자신 있어.

그런데 말이야, 내 사정이 이런데 너 나랑 결혼해 줄 수 있겠니?

물론이지. 나도 너 없으면 마음이 텅 빈 것처럼 허전해. 나도 너를 사랑한다고.

야호!

와락

난 이제부터 널 위해서라면 뭐든지 할 거야.

너희 부모님께도 정식으로 승낙을 받는 게 좋지 않을까?

그러자.

안녕하세요?
스티븐 호킹이라고
합니다.

어서 오게.
제인에게 자네 이야기
많이 들었네.

제인과 결혼하고 싶습니다.

응?!

제인, 이렇게 불쑥 결혼을 하겠다니
무척 당혹스럽구나.

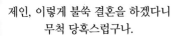

아버지 마음 충분히
이해해요.

나중에 제가 결혼해서
낳은 딸이 스티븐과 같은 처지의
사람과 결혼하겠다고 말한다면
저도 아버지처럼 당황할 거예요.

그런데도
스티븐과
결혼하겠다는
말이지?

스티븐은 의지가 아주 강한
사람이에요. 비록 몸은 불편하지만
무슨 일이든 해낼 수 있을 거예요.

음….

아버지, 스티븐은
저에게 특별한 존재예요.
스티븐과 함께 있으면
제가 살아 있다는 걸
느끼거든요.

네 생각이 그렇게 확고하다면 나도 찬성하마. 하지만 한 가지 약속을 해 다오. 너도 네 삶을 살아가야 해. 그러니 학업은 포기하지 말고 꼭 마치도록 해라.

네, 아버지.

걱정하지 마세요. 저도 제인에게 짐이 되지 않도록 노력하겠습니다.

그 친구 눈치 한번 빠르구먼. 허허허.

호호호, 맞아요. 스티븐이 머리가 좋거든요.

그럼 조심해서 가게.

안녕히 계세요.

결혼 허락을 받았으니 다행이야. 이제 박사학위를 따고 연구자로서 이름을 떨치는 일만 남았군.

아직은 박사학위 논문 주제도 정하지 않았지만 모든 일이 잘 풀릴 것 같은 예감이 들어.

런던 킹스 칼리지

이번 시간에는 특이점에 대해 말씀드리겠어요.

호킹보다 11년 먼저 태어난 로저 펜로즈는 뛰어난 수학 실력을 바탕으로 물리학, 특히 블랙홀 분야에서 눈부신 업적을 내고 있었다.

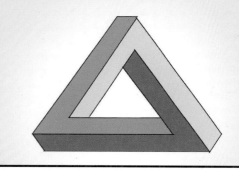

펜로즈는 복잡한 수식을 계산하는 것보다 그림을 그려 가며 문제를 해결하는 데 능숙했다. 현실에서는 만들 수 없는 펜로즈의 삼각형도 그가 고안해낸 도형이다.

커다란 별이 자체의 중력을 버티지 못하고 계속 수축한다면 어떻게 될까요?

결국 아주 작은 점으로 줄어들고 말 것입니다.

이 작은 점이 바로 특이점입니다.
특이점은 부피가 0이고
밀도는 무한대인 점입니다.

특이점

펜로즈가 말하는
특이점이란 다름 아닌
블랙홀이다.

블랙홀은 도대체
어떤 천체일까?

별의 죽음과 블랙홀의 탄생

우주 공간 여기저기에는 성운이라는 구름 모양의
천체가 흩어져 있다. 성운을 이루는 물질의 대부분은
수소이고, 그 일부를 헬륨이 차지한다.
그리고 먼지 알갱이들이 불순물처럼 섞여 있다.

성운은 자체 중력 때문에
공 모양으로 수축하기도 한다.

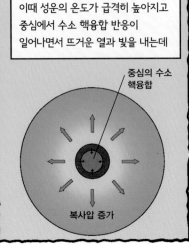

이때 성운의 온도가 급격히 높아지고
중심에서 수소 핵융합 반응이
일어나면서 뜨거운 열과 빛을 내는데

중심의 수소
핵융합

복사압 증가

이것이 바로 밤하늘에서
반짝이는 별이다.

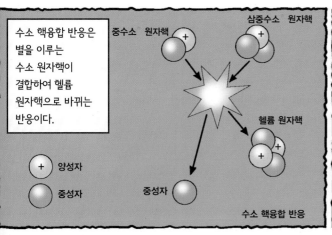

수소 핵융합 반응은 별을 이루는 수소 원자핵이 결합하여 헬륨 원자핵으로 바뀌는 반응이다.

중수소 원자핵
삼중수소 원자핵
헬륨 원자핵

+ 양성자
중성자
중성자

수소 핵융합 반응

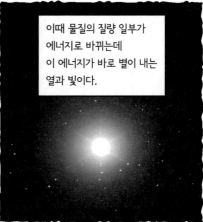

이때 물질의 질량 일부가 에너지로 바뀌는데 이 에너지가 바로 별이 내는 열과 빛이다.

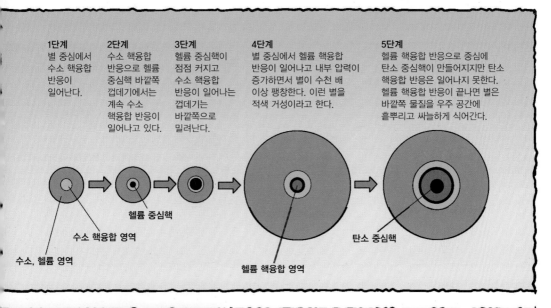

1단계 별 중심에서 수소 핵융합 반응이 일어난다.

2단계 수소 핵융합 반응으로 헬륨 중심핵 바깥쪽 껍데기에서는 계속 수소 핵융합 반응이 일어나고 있다.

3단계 헬륨 중심핵이 점점 커지고 수소 핵융합 반응이 일어나는 껍데기는 바깥쪽으로 밀려난다.

4단계 별 중심에서 헬륨 핵융합 반응이 일어나고 내부 압력이 증가하면서 별이 수천 배 이상 팽창한다. 이런 별을 적색 거성이라고 한다.

5단계 헬륨 핵융합 반응으로 중심에 탄소 중심핵이 만들어지지만 탄소 핵융합 반응은 일어나지 못한다. 헬륨 핵융합 반응이 끝나면 별은 바깥쪽 물질을 우주 공간에 흩뿌리고 싸늘하게 식어간다.

헬륨 중심핵
수소 핵융합 영역
수소, 헬륨 영역
헬륨 핵융합 영역
탄소 중심핵

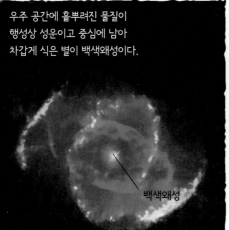

우주 공간에 흩뿌려진 물질이 행성상 성운이고 중심에 남아 차갑게 식은 별이 백색왜성이다.

백색왜성

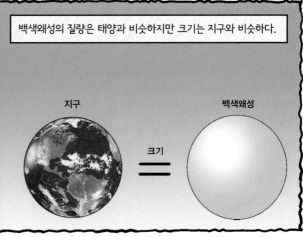

백색왜성의 질량은 태양과 비슷하지만 크기는 지구와 비슷하다.

지구
백색왜성
크기

• 중수소와 삼중수소는 수소의 동위원소이다. 중수소는 양성자 1개와 중성자 1개로 이뤄진 핵을 가졌고, 삼중수소는 중성자를 하나 더 가졌다.

따라서 백색왜성의 밀도는 아주 높다. 백색왜성에서 떼어낸 각설탕 한 개 크기의 질량이 어른 10명의 몸무게와 비슷할 정도이다.

질량이 태양과 비슷한 별의 일생은 백색왜성에서 끝난다.

하지만 태양보다 몇 배 무거운 별에서는 중심에 철의 핵이 만들어질 때까지 계속 핵융합 반응이 일어난다.

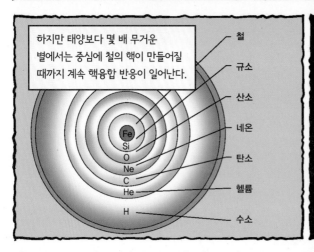

철
규소
산소
네온
탄소
헬륨
수소

그후 별은 엄청난 폭발을 일으키며 밝게 빛나는데 이것이 바로 초신성이다.

초신성이 폭발하면 별의 바깥쪽 물질은 우주 공간으로 흩뿌려지고, 중심에는 지름이 10여 킬로미터밖에 안 되는 작은 별 하나가 남는다.

중성자별이라고 불리는 이 별은 크기는 작지만 질량이 태양의 두세 배나 되기 때문에 밀도가 백색왜성의 10억 배나 된다.

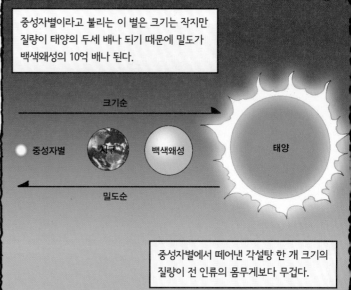

크기순

중성자별　지구　백색왜성　태양

밀도순

중성자별에서 떼어낸 각설탕 한 개 크기의 질량이 전 인류의 몸무게보다 무겁다.

백색왜성이나 중성자별처럼 밀도가 높은 별이 만들어지는 이유는 질량이 크기 때문이다.

예를 들어 작은 모래성은 무너지지 않지만 큰 모래성은 중력 때문에 무너져 버린다.

내 모래성이 더 컸는데….

질량이 커서 중력이 강하더라도 버티는 힘이 충분하면 무너지지 않는다.

더 튼튼하게 쌓아 보자.

예를 들어 무거운 별이 무너지지 않는 것은 별의 질량 때문에 생기는 중력과 뜨거운 별의 내부 압력이 평형을 이루기 때문이다.

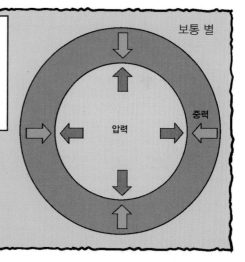

보통 별

압력

중력

만일 별의 중심핵에서 에너지를 충분히 내지 못해 내부 압력이 작아서 중력을 견디지 못하면 별은 더욱 수축한다.

그러다 전자들의 반발력이 중력을 버틸 정도에 이르면 수축을 멈춘다. 이것이 백색왜성이다.

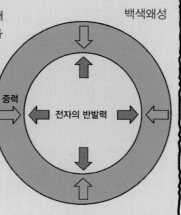

백색왜성

중력

전자의 반발력

중력

전자의 반발력

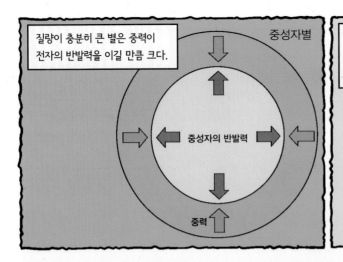

질량이 충분히 큰 별은 중력이
전자의 반발력을 이길 만큼 크다.

중성자별

중성자의 반발력

중력

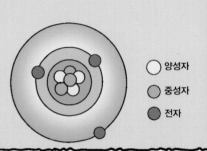

그럼 별이 백색왜성보다 더 밀도가 높은 상태로
찌부러지면서 전자가 원자핵을 이루는 양성자와
결합하여 양성자는 중성자로 바뀐다.

○ 양성자
○ 중성자
● 전자

별의 내부가 거의 중성자로 채워진
이 별이 바로 중성자별이다.
중성자별에서는 중성자들의 반발력이
중력과 평형을 이루고 있다.

중성자의 반발력

중력

만일 어떤 별의 질량이 아주 커서
중력이 중성자의 반발력보다
더 크다면 그 별은 한 점으로
완전히 찌부러지지 않을까?

중성자의 반발력

중력

그럼 그 별에서는
어떤 일이 일어날까?

?

지표에서 위로 돌을 던지면 다시 아래로 떨어진다.
지구의 중력이 돌을 끌어당기기 때문이다.

!

지구의 중력을 이기고 지구를 벗어나려면
초속 약 11.2킬로미터의 속도로 달려야 한다.

11.2㎞

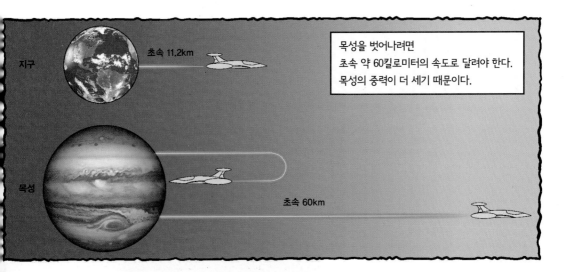

지구

초속 11.2km

목성을 벗어나려면
초속 약 60킬로미터의 속도로 달려야 한다.
목성의 중력이 더 세기 때문이다.

목성

초속 60km

만일 중력이
충분히 크다면
초속 30만 킬로미터,
즉 빛의 속도로도
벗어나지 못하는
별이 있지 않을까?
그 별에서는 빛도
탈출하지 못할
것이다.

그런 엉뚱한 생각을 한 과학자는 꽤 오래전에
나타났다. 바로 존 미셸(1724~1793)이라는
영국 박물학자이다.

미셸은 1783년 화학자 캐번디시에게
이런 내용의 편지를 썼다.

어떤 별이 아주 작게 찌그러지면
그만큼 밀도가 높아지고 중력도
엄청나게 강해질 것입니다.
그 결과 빛마저도 빠져나올 수 없을 만큼
중력이 강해진 별이 있지 않을까요?
그런 별은 관측할 수도 없을 겁니다.
빛이 빠져나올 수 없으니까요.

1796년에는 프랑스의 유명한 수학자 라플라스도 미셸과 비슷한 견해를 밝혔다.

하지만 이런 생각은 오랫동안 관심을 끌지 못했다.

빛은 질량도 없는데 어떻게 중력의 영향을 받는다는 말입니까?

그러게 말입니다. 또 별이 한 점으로 붕괴된다는 것도 어처구니없지 않습니까?

암흑별이라고 불리던 이 천체에 대한 관심은 1915년 알베르트 아인슈타인의 일반상대성이론과 함께 다시 등장했다.

질량은 공간을 구부러뜨립니다. 질량이 클수록 공간은 더 심하게 구부러지지요. 지구가 태양 둘레를 도는 것은 태양이 지구를 끌어당기기 때문이 아니에요.

지구는 태양이 구부러뜨린 공간을 따라 움직일 뿐이지요.

태양

지구

공간이 구부러졌으니 빛도 구부러져 나아갈 수밖에 없어요.

일반상대성이론에 의해 유도된 중력장 방정식을 이용하면 물질은 물론 빛이 중력에 어떻게 작용하는지 알 수 있습니다.

$$G_{\mu\nu} + \Lambda g_{\mu\nu} = \frac{8\pi G}{c^4}$$

아인슈타인의 중력장 방정식을 가장 먼저 푼 사람은 독일 천문학자 카를 슈바르츠실트(1873~1916)였다.

작은 점으로 붕괴된 별

슈바르츠실트의 반지름

붕괴되기 전의 별

어떤 별이 계속 수축한다고 생각해 봅시다.

이 별이 어떤 임계 반지름보다 더 작아지면 그 별은 자체의 중력을 견디지 못하고 한 점으로 붕괴하고 맙니다. 전 그 임계 반지름에 슈바르츠실트의 반지름이라는 이름을 붙였습니다.

슈바르츠실트의 반지름은 질량이 클수록 큽니다.

지구의 슈바르츠실트의 반지름은 1센티미터이지만, 태양은 3킬로미터나 되지요.

슈바르츠실트의 반지름보다 작게 수축한 별에서는 기이한 현상이 일어납니다.

슈바르츠실트의 반지름 안에서는 물질은 물론 빛마저도 탈출하지 못합니다.

그야말로 눈에 보이지 않는 암흑별이 되는 겁니다.

이로써 블랙홀의 존재 가능성이 이론적으로 제기된 것이었지만, 실제로 그것을 받아들이는 사람은 거의 없었다.

그리고 현재, 펜로즈가 킹스 칼리지에서 강의를 하고 있는 때에는 블랙홀이라는 이름도 붙여지기 전이었다.

우리는 이 별을 '붕괴된 별'이라고 이른답니다.

유럽의 과학자

우리는 이 별을 '얼어붙은 별' 이라고 하지요.

러시아의 과학자

미국 물리학자 존 휠러(1911~2008)가 이 특이한 별에 블랙홀이라는 이름을 붙인 것은 1969년이었다.

이 별은 우주에 뚫린 구멍과 같아요. 한번 빠지면 물질은 물론 빛도 빠져나올 수 없지요. 빛도 못 빠져나오니 검게 보이겠지요.

그래서 저는 이 별에 '검은 구멍', 블랙홀이라는 이름을 붙였습니다.

특이점은 물질과 빛과 공간과 시간, 그러니까 모든 것이 응축되었다가 사라지는 점입니다. 그런데 왜 과학자들은 특이점의 존재를 믿지 않는 것일까요?

특이점에서는 중력장 방정식의 해를 구할 수 없기 때문입니다.

특이점이란 아무것도 정의될 수 없는 곳이니 과학자들은 스스로 틀렸다고 생각한 것이지요.

특이점은 물리 법칙에 어긋나요. 그러니 특이점은 존재할 수 없는 것 아닐까요?

아닙니다. 특이점에서 물리 법칙을 적용할 수 없을 뿐이지 특이점은 틀림없이 존재합니다.

특이점이 존재하더라도 그건 아주 이상적인 구형의 별에서만 가능하지 않을까요? 실제 우주에는 그런 별이 존재하지 않으니 특이점도 없고요.

아니오! 그렇지 않습니다.

실제 별에서도 특이점이 만들어질 수 있어요. 특이점은 별이 붕괴하는 곳에서는 틀림없이 나타나니까요.

케임브리지로 돌아가는 기차 안

별이 특이점으로 붕괴되는 건 참 놀라운 현상이야!

우주에 정말 특이점이 있을까?

펜로즈는 정말 대단한 사람이야. 내 논문의 주제를 정하는 데에도 도움이 될 것 같은데, 아직 그게 뭔진 모르겠어.

이쪽은 스티븐, 이쪽은 펜로즈. 서로 인사하게.

처음 뵙겠습니다. 로저 펜로즈라고 합니다.

아, 그래요? 그럼 우리는 구면이네요.

친구들이 침이 마르도록 칭찬하더군요. 대단하신 분이라고 말입니다.

스티븐 호킹입니다. 언젠가 친구들과 카페에서 맥주를 마시다 한 번 뵌 적이 있습니다.

그건 제가 아니라 시아머 교수님이지요. 제가 케임브리지대학에서 연구생으로 있을 때 시아머 교수님께 우주론과 물리학을 배웠거든요. 우주론에 관심을 갖게 된 것도 모두 교수님 덕분이에요.

사견이지만, 모차르트의 곡에선 수학적 논리성이 느껴져요. 베토벤과는 아주 다르지요.

하하하!

펜로즈는 자기보다 한참 어린 스티븐을 친구처럼 대해 주었다. 시아머 교수와 펜로즈와 스티븐은 음악과 물리와 우주에 관해 이야기하며 즐거운 한때를 보냈다.

펜로즈는 1960년대 초반부터 특이점 이론을 발전시켰다. 시아머는 펜로즈의 연구에 관심이 깊었다.

그래서 버크벡 칼리지에서 연구하는 펜로즈에게 제안하여 킹스 칼리지에서 세미나를 열게 된 것이었다.

그때 킹스 칼리지에는 호일 교수와 함께 정상우주론을 창시한 본디 교수가 응용수학을 가르치고 있었기 때문이다.

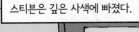

스티븐은 깊은 사색에 빠졌다.

호일 교수나 본디 교수는 정상우주론을 포기하시지 않겠지만, 허블의 관측 결과는 우주가 팽창하고 있다는 명확한 증거야.

빅뱅 우주에서는 우주가 팽창하면서 은하의 밀도가 감소하지만, 정상우주론에서는 우주가 팽창하더라도 은하의 밀도가 변하지 않는다.

빅뱅우주론

정상우주론

호일 교수는 은하들이 서로 멀어지는 현상을 설명하지 못하는 정상우주론의 약점을 교묘한 방법으로 피하셨어.

우주 공간에서는 적은 양이지만 물질이 계속 만들어진다는 거지.

최신 우주론에서는 진공에서도 물질이 만들어질 수 있다는 것이 통설이다. 하지만 스티븐이 활약할 때만 해도 그런 생각은 꿈도 꾸질 못했다.

물질이 텅 빈 공간에서 저절로 생긴다는 주장은 질량과 에너지의 보존 법칙에도 어긋나.

정상우주론이 틀리고 팽창우주론이 맞다면 우주의 크기는 과거로 거슬러 올라갈수록 점점 작아질 거야.

그래서 가모프는 우주가 작은 점에서 거대한 폭발, 즉 빅뱅을 일으켜 시작되었다고 했던 거고.

밀도가 무한대인 작은 점이라는 개념은 정말 불가해하다. 그러니 많은 사람들이 빅뱅 이론을 선뜻 받아들이지 못하는 것 아니겠어?

그리고 보면 참 기묘해. 별은 밀도가 무한대인 작은 점으로 붕괴하여 블랙홀이 되고, 우주는 밀도가 무한대인 작은 점에서 폭발하여 팽창하고 있으니 말이야.

어, 기차가 왜 뒤로 움직이지?

덜컹

덜컹

아하! 옆 선로의 기차가 같은 방향으로 출발하는 거였구나.

그러니 멈춰 있는 우리 기차는 뒤로 가는 것처럼 느껴질 수밖에.

덜컹

덜컹

덜컹

스티븐은 순간의 착각에 빙그레 웃으며 몸을 좌석에 깊숙이 기대었다. 그리고 잠시 휴식을 취할 즈음 번개처럼 떠오르는 생각 하나에 눈을 번쩍 떴다.

다른 기차가 움직였을 뿐이라고?!

그래, 바로 그거야!

펜로즈는 무거운 별이 특이점으로 붕괴할 수 있다고 했어. 그게 블랙홀이지.

블랙홀로부터 시간을 거꾸로 돌려 봐. 그럼 특이점이 폭발하며 별이 생성될 거야.

그 별이 우주라면, 우주를 만든 밀도가 무한대인 그 한 점도 바로 특이점이라고 할 수 있지.

우주는 특이점이 폭발하면서 시작되었다! 그래, 이것으로 박사 논문을 만들자.

덜컹

덜컹

덜컹

스티븐은 케임브리지에 돌아와 자신의 아이디어를 잘 다듬어 시아머 교수를 찾아갔다.

스티븐! 흥분된 표정인데 무슨 좋은 일이 있나?

얼마 전 킹스 칼리지 세미나를 끝나고 돌아오던 기차 안에서 제 논문 주제가 떠올랐어요.

그래? 말해 보게.

펜로즈의 특이점 이론을 우주에 적용시킬 수 있을 것 같아요.

그게 무슨 이야기인가?

펜로즈는 별이 붕괴하여 만들어진 특이점이 우주에 존재한다고 주장했어요. 만일 그 특이점이 형성되는 과정의 시간을 거꾸로 돌리면 어떻게 될까요?

특이점이 폭발하면서 물질이 생성되고 결국엔…

오, 자네 그게 바로 빅뱅이라는 이야기를 하려는 건가?

네, 맞아요. 시간을 거꾸로 돌리면 우주는 특이점이 됩니다. 그 특이점에서 우주가 시작되었고요.

흠, 그런 생각을 하다니!

결론을 말하면 펜로즈의 주장은 별이 붕괴하여 만들어진 특이점이 존재한다는 것이고, 저의 주장은 시공간, 즉 우주가 시작되는 특이점이 있다는 것이지요.

흥미로운 아이디어일세.

입증하기만 한다면 참으로 간단하면서도 대단한 이론이 되겠어. 박사 논문 주제로도 손색이 없네.

아주 어려운 수학 계산이 필요하겠지만 열심히 해보게. 틀림없이 좋은 결과를 얻을걸세.

네, 교수님. 열심히 하겠으니 잘 도와주십시오.

스티븐은 논문을 완성하기 위해 생전 처음으로 힘을 다해 공부하기 시작했다.

1965년, 팽창우주론 승리의 해

태초에 특이점이 있었습니다. 그 특이점이 폭발하여 우주가 시작되었지요. 그 사건이 바로 빅뱅입니다.

아직 논문을 완성하지는 않았지만 스티븐은 가모프의 뒤를 이어 팽창우주론의 기수가 되었다. 빅뱅 특이점 이론의 주창자가 되었기 때문이다.

정상우주론은 서서히 설 자리를 잃고 있었다. 하지만 스티븐의 우주 특이점 이론에도 불구하고 정상우주론 지지자들의 대항은 아직 거셌다.

우주를 만든 특이점이 있다고요? 그런 게 어디 있습니까? 빅뱅 이론에는 아직 확실한 증거가 없어요. 우주가 빅뱅으로 시작되었다고 가정해 봅시다.

그럼 초기 우주는 아주 뜨거웠을 거예요. 그 뜨거운 우주가 급격하게 팽창하면서 점점 식어 갔겠지요. 열을 가진 모든 물체에서는 복사파가 방출됩니다. 지구를 데우는 태양 에너지도 바로 복사파이잖습니까?

빅뱅 때에도 엄청나게 뜨거운 복사파가 방출되었을 거예요. 그 복사파는 우주의 팽창과 더불어 차갑게 식어 가며 지금도 우주 공간을 가득 채우고 있겠지요.

빅뱅 우주를 처음 제안한 가모프 박사의 제자들이 복사파의 존재를 예측했잖아요? 그런데 그 복사파를 검출한 사람이 없어요. 그건 그 복사파가 없다는 뜻이고, 따라서 빅뱅은 없었다는 뜻입니다.

새로운 이론에는 선구자가 있기 마련이다. 그 선구자는 바로 가모프였다. 그는 지동설의 코페르니쿠스 같은 역할을 했다.

우주는 고요하지 않고 역동적입니다. 빅뱅 이후 방출된 뜨거운 복사파는 우주 팽창과 함께 식어 현재 우주 여기저기에 흩어져 있지요.

우리 연구 그룹의 계산에 따르면 그 복사파의 온도는 절대온도 약 5K, 약 −268℃일 겁니다.

코페르니쿠스에게 갈릴레이가 필요했듯이 가모프에게도 빅뱅 이론에 힘을 실어줄 사람이 필요했다. 그 사람이 바로 스티븐 호킹이었다.

자네는 계속 내 뒤를 따라다니는군.

저야 뭐 영광이지요.

갈릴레이에 의해 힘을 얻은 지동설에 쐐기를 박은 사람은 케플러와 뉴턴이었다.

스티븐에 의해 힘을 얻은 빅뱅 이론에 쐐기를 박은 사람은 두 명의 젊은 전파 천문학자였다. 아르노 펜지어스와 로버트 윌슨[*]이 그들이다.

● 아르노 펜지어스(Arno Penzias, 1933~, 그림에서 오른쪽)와 로버트 윌슨(Robert Wilson, 1936~)은 각각 1962년과 63년에 벨 연구소로 왔다. 이곳에는 천문학자라면 이용하고 싶은 전파망원경이 있었기 때문이다. 그것이 바로 아이스크림콘처럼 생긴 홀름델 혼 안테나(Holmdel Horn Antenna)였다. 원래 통신위성의 전파를 반사할 목적으로 건설된 안테나였으나 전파망원경으로 쓰일 수 있도록 변형되었다.

펜지어스와 윌슨이 안테나에서 검출하려던 것은 우리은하의 헤일로(은하 주위를 둘러싼 희박한 물질)에 있는 수소 기체의 흔적(전파)이었다. 두 사람은 1년 넘게 관측했는데도 원하는 전파는 검출하지 못한 채, 이상한 전파 잡음을 제거하지 못해 애를 먹고 있었다.

희한하게도 이 전파는 하늘 어디에서든 잡혀요.

혹시 안테나 속에 말라붙은 비둘기 똥 때문에 잡음이 생기는 건 아닐까?

윽, 더러워. 과학자의 길은 험난하군요.

이거라도 해서 성과가 있다면야.

비둘기 똥을 치웠는데도 결과는 똑같은데요. 헛수고였어요.

여기서 가까운 뉴욕 시가 원인일 거라고 생각했는데, 정작 안테나를 뉴욕으로 돌렸을 땐 아무것도 잡히지 않다니!

우리가 검토하지 못한 잘못이 있을까요?

빅뱅 복사파에 관한 논문에 관심을 가진 사람은 많지 않았다. 하지만 프린스턴대학의 로버트 디크[●]는 가모프의 가설을 믿고 있었다.

빅뱅 우주론이 예견하는 우주배경복사는 마치 우주 탄생의 화석과 같습니다. 우리가 그 화석을 발견해 빅뱅이 사실임을 증명해 봅시다.

디크 교수님, 벨 연구소의 아르노 펜지어스라고 합니다. 교수님이 우주 공간에서 날아오는 희미한 전파를 찾고 있다는 얘기를 들었습니다.

그렇소만. 그걸 어떻게 아셨소?

저와 제 동료가 비슷한 전파를 찾은 것 같습니다만.

아니, 그게 사실이오? 벨 연구소라고 하셨소? 내가 즉각 우리 연구팀과 함께 그쪽을 방문해도 되겠습니까?

기다리고 있겠습니다.

● 로버트 디크(Robert Henry Dicke, 1916~1997) 당시 프린스턴대학에서 빅뱅 모델이 예측한 우주배경복사를 탐지하기 위한 연구팀을 이끌고 있었다.

우리 일은 이제 다 끝났습니다. 다른 팀이 우주배경복사를 발견한 것 같군요.

믿기지 않는데요.

확인하러 가기로 했으니 곧 알게 되겠죠.

이 소식은 케임브리지에도 전해졌다.

교수님, 미국에서 우주배경복사가 발견되었다는군요.

나도 들었네. 이제 정상우주론은 설 자리를 잃었어. 자네에겐 아주 다행스런 일이고 말이야.

처음 케임브리지대학에 지원했을 때는 호일 교수님의 지도를 받고 싶었습니다. 하지만 지금 생각해 보면 교수님께 지도를 받게 된 것이 정말 다행이었던 것 같아요. 호일 교수님 지도를 받고 있었다면 팽창우주론을 마음껏 지지할 수 없었을 거예요. 교수님은 학문적 견해에 자유로우세요. 고맙습니다.

그게 다 자네 능력 아니겠나. 비록 정상우주론이 열세이기는 해도 호일 교수님은 대단하신 분이네. 그나저나 자네 결혼식이 얼마 안 남았군. 준비는 잘되어 가고 있나?

아, 네.

스티븐, 큰일 났어! 우리 학교에서는 재학 중에는 결혼을 할 수 없대.

뭐? 네가 졸업할 때쯤이면 내가 어떻게 될지도 모르는데…. 학교에 가서 사정 이야기를 해봐.

그래 알았어. 넌 너무 걱정 마. 내가 다 알아서 할게.

우리 대학의 규정이니 어쩔 수가 없어요.

저에겐 특별한 사정이 있습니다.

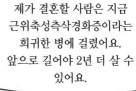

얘기해 보세요.

제가 결혼할 사람은 지금 근위축성측삭경화증이라는 희귀한 병에 걸렸어요. 앞으로 길어야 2년 더 살 수 있어요.

그런데 어떻게 제가 졸업할 때까지 기다릴 수 있겠어요?

음, 참 딱한 사정이군요. 그럼 두 분이 결혼할 수 있도록 제가 힘써 보겠습니다.

정말 고맙습니다!

스티븐! 학교에서 우리 결혼을 허락했어.

기적이 일어났구나.

덥썩

내 일도 잘되어 가고 있어.

논문은 올해 말쯤 얻을 것 같아. 조만간 일자리도 얻을 것 같고.

일자리?

케임브리지대학에 속한 곤빌 앤 키즈 칼리지라고 있어. 흔히 키즈 칼리지라고 하는데 거기 연구원으로 지원했어. 별일 없으면 거기에서 일하게 될 것 같아.

정말 잘됐구나. 모든 일이 잘 풀리는 것 같아.

모든 게 네 덕이야. 이제 결혼식만 잘 치르면 돼.

1965년 7월 14일, 스티븐과 제인의 결혼식이 열렸다.

두 사람은 새로운 시작선에 섰지만, 함께이기에 두렵지 않았다.

5

특이점,
블랙홀, 빅뱅의
속살을 들여다보다

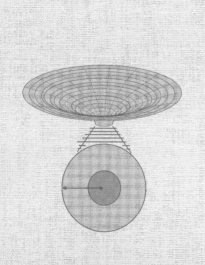

1966년 3월, 스티븐은 박사 학위를 받았다.

또한 같은 해, 「특이점과 시공의 기하학」이란 논문으로 펜로즈와 함께 애덤스 상을 받았다.

짝

짝

짝

이런 훌륭한 상을 받다니 당신이 정말 자랑스러워.

모두 당신이 나를 잘 돌봐준 덕분이야. 당신이 없었다면 어떻게 이런 자리에 서 있을 수 있겠어.

짝

짝

짝

또 펜로즈 박사님이 큰 도움을 주셨지. 내가 수학에 좀 약하잖아. 내 약점을 보완해 주셨거든.

박사님은 특히 어려운 개념을 간단한 기하학으로 쉽게 설명해 주신단 말이야.

무슨 그런 말씀을. 저야말로 본질을 꿰뚫어보는 호킹 박사의 뛰어난 직관력에 감탄할 따름인데요.

하하하, 두 사람 말이 모두 맞는 것 같소.

애덤스 상은 영국의 젊은 과학자 중에서도 세계적으로 손꼽히는 연구 업적을 세운 사람만이 받을 수 있는 상이라오.

제인, 두고 보세요.

스티븐은 틀림없이 아이작 뉴턴 경만큼 훌륭한 과학자로 이름을 떨치게 될 거예요.

호킹 박사, 내 생각도 시아머 교수님 생각과 같아요!

스티븐은 1968년에 케임브리지 외곽에 자리 잡은 이론천문학연구소에 연구원으로 초빙된 적이 있었다.

아주 조용한 곳이군.

호킹 박사님, 1주일에 세 번씩 오전에만 출근해 주시면 됩니다.

배려해 주셔서 고맙습니다.

너, 이론천문학 연구소라고 알아?

20대 중반인 스티븐의 천재성과 업적은 이미 세상에 널리 알려져 있었다.

글쎄.

그럼 호킹 박사님은?

천문학도가 그분을 몰라서야.

호킹 박사님이 이론천문학연구소에 초빙 연구원으로 가신다는 소식 들었니?

그분이 가시는 곳이라면 대단한 연구소겠구나.

박사님을 만나러 유명한 과학자들도 많이 방문한대.

블랙홀과 특이점 이론의 대가니까.

우리도 만나러 가볼까?

좋지.

어서 오세요.

무엇부터 시작할까요?

특이점부터 듣고 싶습니다.

아주 간단한 $y=\dfrac{1}{x}$ 이라는 함수를 생각해 볼까요? x의 값이 1일 때 y는 1의 값을 갖고, x의 값이 2일 때 y는 2분의 1의 값을 가져요.

x의 값이 0일 때 y의 값은 얼마일까요?

네. 다시 말해 함수의 값이 정의되지 않는 겁니다. 이때 x가 0인 지점을 특이점이라고 합니다.

무한대예요.

수학적 의미의 특이점을 말씀하시는 거군요.

뉴턴의 중력 이론에 따르면 두 물체의 질량을 각각 m과 M, 거리를 r이라고 하면 두 물체 사이에 작용하는 중력의 크기 F는 다음과 같이 나타낼 수 있어요.

$$F=G\frac{mM}{r^2}$$

G는 중력 상수예요.

그런데 특이점이 자연에도 실제로 존재할까요?

거리 r이 정해지면 중력의 크기 F가 정해집니다.

거리가 0인 지점에서는 중력의 크기가 무한대가 되지요.

다시 말해, 물체의 질량이 어느 한 점에 모이면 중력이 무한대인 특이점이 생긴다는 뜻입니다.

정말 천체의 질량이
한 점에 모일 수가
있을까요?

슈바르츠실트는 아인슈타인의
중력장 방정식을 풀어
중력이 무한대인 천체가
존재한다는 걸 증명했지요.
그 천체가 바로 블랙홀이고요.

블랙홀이 우주의
특이점이란
말씀이십니까?

그렇습니다.
다만 뉴턴의 중력 이론이
말하는 특이점, 즉 거리가
0인 지점에서
나타나는 특이점은

우주 공간에 그대로
드러나 있어요.
이런 특이점을 노출 특이점
이라고 합니다.

슈바르츠실트는 천체의 반지름이 0이
되기도 전에 중력이 무한대에
도달한다는 걸 밝혔어요.
중심에서 그곳까지의 거리를
중력 반지름 또는 슈바르츠실트의
반지름이라고 해요.

슈바르츠실트의 해에는
두 곳에 특이점이 생겨요.
첫 번째는 r = 0인 지점,
즉 질량의 중심이고,
두 번째는 r = r_s인 지점인데,
질량의 중심으로부터
r_s의 거리에 있는 점들,
즉 원 둘레입니다.

특이점2
r_s

특이점1

0

r

원 내부는
블랙홀

슈바르츠실트의 반지름 안으로 빠져 들어간 것은 무엇이든 빠져나올 수 없어요. 그래서 슈바르츠실트의 반지름이 이루는 경계를 사건의 지평선*이라고 하지요.

블랙홀

사건의 지평선

특이점

슈바르츠실트의 반지름

사건의 지평선으로 빠져 들어가면 빛도 빠져나올 수 없다는 거지요?

네, 맞습니다.

특이점에서는 물리 법칙을 적용할 수 없지 않나요?

혹시 로저 펜로즈 박사의 우주 검열 가설이라고 들어봤나요?

노출 특이점이 존재하면 특이점보다 과거의 사건은 물리적으로 예측 불가능하게 되어 버려요. 하지만 그런 특이점의 대부분은 사건의 지평선에 둘러싸여 외부와 고립되어 있기 때문에 물리 법칙을 적용하는 데 문제가 없지요.

노출 특이점

중력 반지름

특이점

사건의 지평선

● 사상(事象)의 지평선이라고도 한다.

펜로즈 박사는 마치 누군가 검열하여 자연계에 노출 특이점이 생기는 걸 막는다는 가설을 세웠어요.

이것이 바로 우주 검열 가설이에요.

하하, 물리 법칙의 파괴를 두려워하는 신이 노출 특이점을 찾아 거기에 사건의 지평선을 덧씌운다는 이야기군요.

마치 벌거벗고 돌아다니는 사람에게 옷을 입히는 것처럼 말이에요.

정말 우주에 노출 특이점은 없나요?

글쎄요. 펜로즈 박사의 가설은 무언가 문제에 부닥쳤을 때 돌파구를 찾으려는 시도라고 생각하면 좋을 것 같습니다.

박사님은 우주가 그 특이점에서 시작되었다고 주장하셨지요?

네. 펜로즈 박사는 어떤 별이 특이점으로 붕괴할 수 있다는 특이점 정리를 발표하셨어요. 그렇게 만들어진 별이 바로 블랙홀이지요.

저는 그와 반대의 과정, 즉 특이점에서 우주가 탄생했다는 아이디어를 떠올렸어요.

그리고 펜로즈 박사와 함께 그 아이디어가 사실임을 증명했지요.

여러분 우주가 빅뱅으로 시작되었다는 걸 들어본 적이 있지요? 빅뱅이 어떤 건지 상상할 수 있나요?

우주의 모든 물질이 압축된 작고 뜨거운 덩어리가 폭발하면서 우주를 이루게 되었다는 거 아닙니까?

많은 사람들이 그렇게 오해하고 있어요. 텅 빈 허공에 물질 덩어리가 있고, 그것이 폭발하면서 우주가 탄생했다고 말이에요.

제가 연구한 바로는 그렇지 않아요. 빅뱅은 특이점에서 시작되었는데, 특이점은 물질 덩어리가 아니라, 아무것도 없는 곳이지요.

그럼 아무것도 없는 곳에서 우주가 탄생했다는 말씀인가요?

맞아요. 펜로즈 박사가 말한 특이점, 곧 블랙홀은 별물질은 물론 시간과 공간이 사라지는 곳이에요.

제가 특이점에서 우주가 시작되었다는 걸 밝혔다고 했지요?

제가 말하는 빅뱅은 아무것도 없는 곳이에요. 물질은 물론 시간과 공간이 시작되는 곳이지요.

정말 믿기 힘든 사실이네요.

우주가 정말 특이점에서 시작되었나요?

당연합니다. 저와 펜로즈 박사는 우주가 하나의 특이점에서 시작되었다는 걸 증명했을 뿐 아니라 우주가 특이점에서 시작되지 않을 수 없다는 걸 증명했거든요.

박사님의 증명은 계산 결과일 뿐일 수도 있지 않을까요? 방정식의 계산 결과가 그렇다고 실제로 우주가 꼭 그렇다는 법은 없잖아요?

이론은 실제 관측 결과를 제대로 설명할 수 있어야 해요. 지금까지는 우주 특이점 이론이 실제 우주의 모습을 잘 설명하고 있어요.

이론과 실제가 어떻게 상호 보완하며 완성되어 가는지 예를 들어 살펴볼까요?

우주 팽창을 처음 이론적으로 예측한 사람은 러시아 물리학자 알렉산드르 프리드만이에요.

프리드만은 1924년에 아인슈타인의 중력장 방정식을 이용해 프리드만 방정식을 만들었어요.

$$3\left((\dot{a}/a)^2 + k/a^2\right) = 8\pi G\rho + \Lambda$$
$$3\ddot{a}/a = -4\pi G(\rho + 3p) + \Lambda$$

그 당시 많은 과학자들은 우주가 정적이라고 생각했어요. 영원히 변하지 않는다는 거지요. 물론 아인슈타인도 그렇게 생각했지요.

프리드만 방정식의 해는 놀랍게도 우주가 팽창한다는 사실을 예견했어요.

지금은 많은 과학자들이 우주 팽창을 받아들이잖아요.

그렇지요. 그건 우주 팽창의 명확한 증거를 발견한 허블 덕분이에요.

허블은 외부 은하들의 스펙트럼에서 적색편이 현상을 발견했어요.

우리로부터 멀어지고 있는 은하는 적색편이를 보이고, 우리에게 다가오고 있는 은하는 청색편이를 보이잖아요.

그게 바로 도플러 효과라는 거고요.

관측자

정지해 있을때

관측자로 부터 벌어질 때:적색편이

관측자에게 다가올 때:청색편이

은하

맞습니다. 외부 은하들은 모두 우리로부터 멀어지고 있어요. 그래서 적색편이를 보인 거지요.

허블의 관측 결과는 아주 놀라웠어요.

우리로부터 먼 거리에 있는 외부 은하일수록 더 빠른 속도로 멀어진다는 것이었지요.

관측이 이론을 사후적으로 승인한 셈이군요.

가모프가 간과했던 것에 그의 제자들이 주의를 기울인 덕분에 빅뱅 복사파를 예견했던 일도 좋은 사례지요.

당시 과학자들은 가모프 제자들의 이론이 신빙성이 떨어진다는 이유로 가볍게 무시해 버렸어요.

하지만 17년 후, 펜지어스와 윌슨이 우연히 우주배경복사를 발견했지요.

마침내 빅뱅 이론은 정상우주론과의 경쟁에서 최종 승자가 되었고요.

이론은 자연의 비밀을 밝히는 데 정말 강력한 도구이군요.

빅뱅 이론이 해결한 문제를 하나 더 이야기해 줄까요?

뭐죠? 너무 궁금해요.

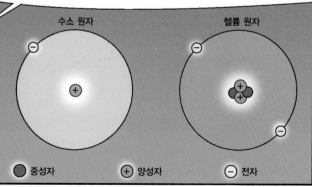

현재 우주를 이루는 물질의 약 75퍼센트는 수소이고 약 25퍼센트는 헬륨이에요. 수소와 헬륨의 질량 비가 3대 1인 셈이지요.

수소 원자

헬륨 원자

● 중성자   ⊕ 양성자   ⊖ 전자

그런데 25퍼센트나 차지할 만큼 많은 헬륨은 도대체 어떻게 만들어진 걸까요?

그 당시 우주물리학자들은 우주에 이처럼 헬륨이 풍부해진 이유를 설명할 수 없었어요.

가모프는 빅뱅 몇 분 후에 양성자와 중성자가 결합하여 25퍼센트의 헬륨이 만들어졌다는 걸 이론으로 증명했어요.

우주의 팽창 속도가 더 빨랐다면 헬륨이 거의 만들어지지 못했을 것이고,

그와 반대로 우주의 팽창 속도가 더 느렸다면 거의 모든 수소가 헬륨으로 바뀌었다는 거예요.

우주의 팽창 속도가 더 빠르거나 느렸다면 우주의 운명은 달라졌겠네요?

당연해요.

수소보다 무거운 헬륨이 거의 없었으면 중력이 약해서 별이 만들어지지 못했을 거예요.

태양은 물론 지구 같은 행성도 만들어지지 못했겠지요.

수소가 모두 헬륨으로 바뀌었다면 물이나 DNA, 단백질, 세포를 만드는 데 필요한 수소가 부족해서 생명체가 탄생하지 못했을 거예요.

우주 탄생 초기 조건의 작은 차이가 이처럼 큰 변화를 이끌 수 있다니 놀라울 따름이에요.

우주가 특이점에서 탄생했다는 저의 이론도 여러분이 지적하는 것처럼 단순한 계산 결과가 아니랍니다.

특이점이 아니라면 우주의 탄생과 진화를 설명할 수 있는 방법이 없다.

따라서 박사님의 특이점 이론이 옳은 것이다. 이런 말씀이시군요.

하하하. 그런 셈이지요.

박사님은 관측보다는 이론에 더 흥미를 많이 느끼시나 보군요.

하하, 관측 장비를 운용하기에는 제 몸이 불편하지요.

물론 제가 건강했던 시절에도 관측에는 재능이 없었어요.

쌍성은 공통 질량 중심 주위로 공전하는 두 개의 별을 말하지요.

옥스퍼드대학에 다닐 때 그리니치 천문대 강의를 신청한 적이 있어요. 거기에서 유명한 천문학자인 리처드 울리 경을 도와 쌍성의 구성 물질을 조사했어요.

에게, 저게 별이야?

천체망원경을 통해 본 우주는 초라했어요.

하지만 머릿속에서는 거대하고 멋진 우주의 모습을 마음껏 상상할 수 있었지요.

그래서 박사님은 이론천문학을 선택하시게 된 거군요.

하하, 맞습니다.

좋은 말씀 잘 들었습니다.

저희 공부에도 큰 도움이 될 것 같습니다.

몸도 불편하신데 정말 고맙습니다.

앞으로 좋은 연구자가 되길 바랄게요.

스티븐의 삶은 점점 빛나기 시작했다. 학문적 성과가 축적되어 가면서 학자로서 명예가 드높아졌다.

가정생활도 안정을 찾아갔다. 1967년에는 첫째 아이 로버트가 태어났다.

응애

응애

1970년에는 둘째 루시가 태어났다.

그러나 영광과 행복 뒤로 스티븐의 병세는 눈에 띄게 나빠졌다.

어!

비틀

조심해!

휴! 고마워.

스티븐은 이제 휠체어를 타는 것이 안전할 것 같아.

내가 진작에 권유해 봤지만 소용이 없었네. 화를 내면서 아직 목발로 버틸 만하다는 거야.

고집도 세지만, 자기 자신을 돌볼 수 있다는 걸 보여주고 싶은 거지.

제인에게 이야기해 보는 건 어떻겠나?

부인의 말이라면 들을지도 모르겠군.

스티븐, 요즘 목발 짚고 다니는 게 아주 힘들어 보이네요. 이제 휠체어를 타는 게 어때요?

아직 목발만 있으면 어디든 돌아다닐 수 있어.

자, 봐!

어이쿠!

휘청

자칫 잘못하여 넘어져서 머리를 다치게 되면 큰일이에요.

당신은 누구도 따라올 수 없을 만큼 명석한 두뇌를 가지고 있어요.

당신 말이 맞아. 휠체어를 장만해야겠어.

스티븐, 새 차가 아주 멋있는걸.

조심하세요!

내 휠체어에 치일지도 모르니까.

초보 운전자가 과속이라니 너무하군!

으아아

촤아아

하하, 미안하네.

정신력이 정말 대단해. 전혀 기가 죽지 않고 저렇게 활기차게 살아갈 수 있다니.

허걱

끼익

그게 바로 스티븐의 장점 중의 장점이지.

내 육체는 장애를 받아들일 수밖에 없지만 내 정신은 그럴 수 없다!

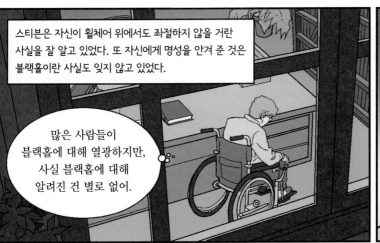

스티븐은 자신이 휠체어 위에서도 좌절하지 않을 거란 사실을 잘 알고 있었다. 또 자신에게 명성을 안겨 준 것은 블랙홀이란 사실도 잊지 않고 있었다.

많은 사람들이 블랙홀에 대해 열광하지만, 사실 블랙홀에 대해 알려진 건 별로 없어.

블랙홀의 정체를 밝힐 사람은 나야.

많은 과학자들은 블랙홀은 질량이 거대한 별이 일생을 마칠 때 탄생한다고 생각해.

블랙홀은 정말 별에서만 만들어지는 걸까?

블랙홀의 엄청난 중력을 만들어내려면 그만큼 거대한 질량이 필요하겠지?

아니야. 블랙홀은 중력이 센 천체이지 질량이 큰 천체는 아니잖아.

지구를 지름 1cm의 쇠구슬 크기로 압축하면 블랙홀이 되듯이, 쇠구슬을 소립자 크기로 압축하면 블랙홀이 될 수 있을지도 몰라.

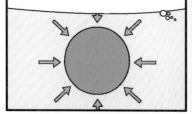

쇠구슬을 계속 압축해 가면 어느 순간에는 별이 중력 붕괴를 하듯 쇠구슬도 자체의 중력으로 붕괴할 때가 있을 거야. 그럼 아주 작은 미니 블랙홀이 만들어지겠지!

아차! 질량이 큰 별은 스스로 중력 붕괴를 일으킬 수 있지만 작은 쇠구슬은 무슨 힘으로 중력 붕괴를 일으킬 때까지 압축할 수 있단 말인가?

그런 힘은 우주 어디에도 없어!

스티븐은 빅뱅 이론의 대가답게 미니 블랙홀의 생성 원인도 빅뱅으로 해결할 수 있었다.

그래, 미니 블랙홀을 만든 것은 바로 빅뱅이야!

빅뱅 직후의 짧은 순간에는 우주의 밀도가 아주 높았어.

그 순간의 우주 공간에는 밀도의 요동이 있었지. 어떤 부분은 밀도가 높고 어떤 부분은 낮았을 거야.

밀도가 아주 높은 부분의 작은 영역이 자체 중력으로 무너지면 미니 블랙홀이 만들어질 수 있어.

스티븐이 제안한 이 미니 블랙홀은 우주의 시초에 만들어졌기 때문에 '원시 블랙홀'이라고도 한다.

원시 블랙홀

우주가 빅뱅으로 태어난 직후, 우주는 밀도가 아주 높은 원시 수프와 같은 상태였습니다. 이 원시 스프 속에서 소립자 크기만 한 미니 블랙홀들이 만들어졌습니다.

지금도 수없이 많은 미니 블랙홀들이 우주 공간에 흩어져 있을 겁니다.

그런데 말입니다,

관측에 근거하여 계산한 우주의 질량은 이론으로 계산한 것보다 작습니다. 이건 뭘 의미할까요?

빅뱅 이후 생성된 미니 블랙홀이 우주에 널려 있다면 관측할 수 없는 질량이 그만큼 많다는 뜻일 겁니다.

요컨대, 미니 블랙홀은 이론적 우주 질량의 결손을 해결할 가능성을 제시한다고 할 수 있습니다.

스티븐의 미니 블랙홀 이론은 천문학계를 크게 흥분시켰다. 하지만 그것 역시 앞으로 그의 활약을 알리는 예고편이었을 뿐이다.

6

폭발하는 블랙홀, 열역학과의 만남

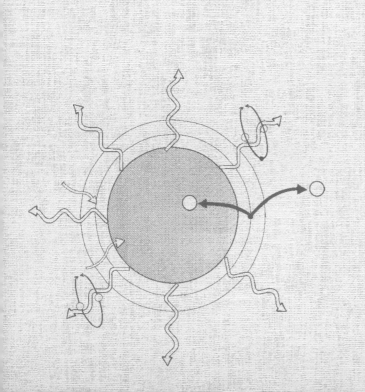

1970년 11월 어느 날

세상에 스티븐처럼 블랙홀 가까이 사는 사람은 없을 것이다.

아인슈타인은 일반상대성이론에서 중력이 아주 센 곳에서는 시간이 천천히 흐른다고 했지?

그는 가끔 사건의 지평선 밖에서 블랙홀 내부를 들여다보는 상상에 빠지기도 했다.

상상 속에서 서서히 사건의 지평선 안으로 빨려 들어갔다.

어, 어, 몸이 엿가락처럼 늘어나네!

이처럼 늘 블랙홀 옆에서 살고 있었지만 스티븐의 시간은 평범한 속도로 흘러갔다.

반면에 그의 몸은 아주 천천히 움직였다. 점점 굳어져 가는 근육이 지구의 중력을 견디지 못했기 때문이다.

지구의 중력이 마치 블랙홀의 중력처럼 힘겹게 느껴졌다.

굼뜬 움직임이 이로울 때도 있었다. 침대에 도달하는 동안에 새로운 아이디어를 낼 수 있었기 때문이다.

르 우슈 서머스쿨에 참석하기 2년 전인 이날 밤, 잠자리에 들면서 바로 그런 일이 일어났다.

척

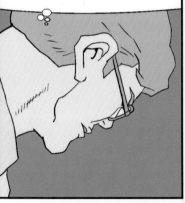

우주에는 어떤 신호도 내보낼 수 없는 영역이 있어. 바로 블랙홀의 내부다.

신호를 내보낼 수 있는 영역은 블랙홀의 외부이고, 블랙홀을 내부와 외부로 나누는 경계가 사건의 지평선이다.

사건의 지평선은 선이 아니라 면이다. 따라서 겉넓이를 가진다.

사건의 지평선

특이점

어떤 블랙홀이 물체를 집어삼키거나
다른 블랙홀과 충돌하여 합치면
사건의 지평선의 겉넓이는 어떻게 될까?

줄어들 리는 없다.

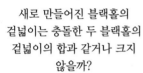

새로 만들어진 블랙홀의
겉넓이는 충돌한 두 블랙홀의
겉넓이의 합과 같거나 크지
않을까?

사건의 지평선의
겉넓이는 항상 증가한다….

어째 엔트로피는
항상 증가한다는
열역학 제2법칙과
비슷한데?

고대 그리스의 아르키메데스는
욕조에서 부력의 원리를
발견하고 유레카를 외쳤다.

스윽

지금은 내가 잠자리에서
유레카를 외칠 차례다.

유레카!

사건의 지평선의 겉넓이는
엔트로피와 비슷한
개념의 물리량이다!

펜로즈 박사님,

지난밤에 아주 중요한 발견을 했어요.

사건의 지평선의 겉넓이가 엔트로피와 아주 비슷한 성질을 가졌단 말입니다!

그게 무슨 말이지요?

아함

1970년 12월, 미국 텍사스에서 열린 상대론적 천체물리학 심포지엄

지난 11월 초에 저는 블랙홀의 사건의 지평선이 겉넓이를 갖는다는 착상을 했습니다. 그리고 그것의 물리적 속성을 추론해 본 결과, 지평선의 겉넓이가 엔트로피와 비슷하다는 결론에 도달했습니다.

먼저 간단하게 엔트로피에 대해 설명해 보겠습니다.

열은 에너지입니다. 그래서 열을 흔히 열에너지라고도 이르지요.

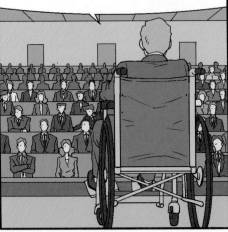

어떤 물체에 열을 가하면 그 물체의 온도는 올라가고, 어떤 물체에서 열을 빼앗으면 그 물체의 온도는 낮아집니다.

열에너지는 다른 에너지로 바꿀 수 있습니다. 증기기관은 열에너지를 운동 에너지로 바꾸는 장치이지요.

열에너지를 다루는 물리학을 열역학이라고 합니다. 열역학을 지탱하는 중요한 법칙들이 있습니다.

엔트로피와 관련 있는 법칙은 열역학 제2법칙이지만, 1법칙부터 간단히 살펴보겠습니다.

루돌프 클라우지우스
(Rudolf Julius Emanuel Clausius, 1822~1888)
열역학 제2법칙을 주창한 독일 물리학자.

뜨거운 쇳덩이를 찬물에 넣으면 쇳덩이는 열에너지를 잃습니다. 그 대신 찬물이 열에너지를 얻지요.

이때 쇳덩이가 잃은 열에너지와 찬물이 얻은 열에너지는 같습니다.

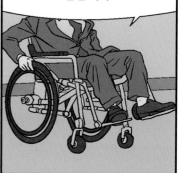

따라서 전체 열에너지의 양은 변하지 않았습니다. 에너지의 총량은 보존된 거지요.

열역학 제2법칙은 '열은 언제나 온도가 높은 곳에서 낮은 곳으로 이동한다'는 겁니다.

손을 10℃의 물에 담그면 시원해집니다.

그건 열이 약 37℃의 온도를 가진 손에서 물로 이동하기 때문이에요.

열이 10℃의 물에서 손으로 이동하는 일은 일어나지 않습니다.

1865년에 클라우지우스는 열역학 제2법칙을 포괄적으로 설명하기 위해 엔트로피라는 새로운 물리량을 제안했습니다. 엔트로피는 열량을 온도로 나눈 값입니다.

클라우지우스는 외부와 물질과 에너지를 교환하지 않는 고립계에서 엔트로피는 항상 증가한다고 생각했습니다.

$$S(엔트로피) = \frac{Q(열량)}{T(온도)}$$

열역학의 제1법칙은 에너지 보존 법칙, 열역학의 제2법칙은 엔트로피 증가의 법칙이라고 할 수 있지요.

하지만 엔트로피의 개념은 아주 모호했습니다. 어째서 엔트로피는 항상 증가하는지, 또 그것이 어떻게 열의 이동 방향을 결정하는지 제대로 설명할 수 없었기 때문이었습니다.

1877년, 오스트리아 물리학자 루트비히 볼츠만은 이처럼 모호한 엔트로피 개념을 새롭게 규정했습니다.

엔트로피 S는 로그함수로 나타낼 수 있습니다.

$$S = k \log w$$

이 식에서 k는 클라우지우스의 엔트로피와 단위를 맞추기 위해 도입한 상수이고, w는 어떤 계가 가질 수 있는 상태의 경우의 수입니다.

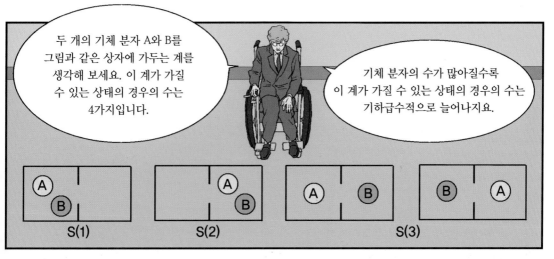

두 개의 기체 분자 A와 B를 그림과 같은 상자에 가두는 계를 생각해 보세요. 이 계가 가질 수 있는 상태의 경우의 수는 4가지입니다.

기체 분자의 수가 많아질수록 이 계가 가질 수 있는 상태의 경우의 수는 기하급수적으로 늘어나지요.

S(1)

S(2)

S(3)

S(1)와 S(2)에서는 두 개의 기체 분자가 각각 왼쪽과 오른쪽 상자에 있습니다. 이 상태의 경우의 수는 각각 1이지요.

S(3)에서는 두 개의 기체 분자가 균일하게 흩어져 있습니다. 이 상태의 경우의 수는 2입니다.

따라서 S(1)이나 S(2) 상태의 엔트로피보다는 S(3) 상태의 엔트로피가 더 큽니다.

열역학 제2법칙은 엔트로피 증가의 법칙이라고 했습니다.

즉 S(1)이나 S(2)의 상태는 시간이 지나면 S(3)의 상태로 바뀐다는 뜻입니다.

하지만 S(3)의 상태에서 S(1)이나 S(2)의 상태로 바뀌는 일은 일어나지 않습니다.

자연계에서 이런 일은 흔히 일어납니다.
컵의 물에 떨어뜨린 잉크 방울이 시간이 지날수록 골고루
퍼지는 것도 엔트로피가 증가하는 현상입니다.

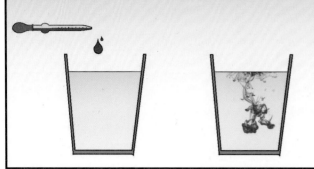

물에 골고루 퍼진 잉크가 한 곳으로 모여
잉크 방울을 이루는 일, 즉 엔트로피가
감소하는 현상은 일어나지 않습니다.

엔트로피 증가의 법칙을 이용하면
열이 온도가 높은 곳에서 낮은 곳으로
이동하는 현상도 설명할 수 있습니다.

두 개의 상자에 각각 차가운 분자와 뜨거운 분자를
분리해 놓았다고 생각해 보세요. 뜨거운 분자는 움직임이 활발하고
차가운 분자는 움직임이 둔하지요.

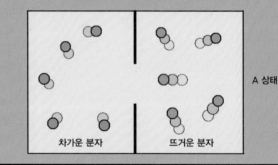

A 상태

차가운 분자   뜨거운 분자

시간이 지날수록 차가운 분자와 뜨거운 분자는 골고루 섞입니다.
그럼 왼쪽 상자의 온도는 높아지고, 오른쪽 상자의 온도는 낮아집니다.

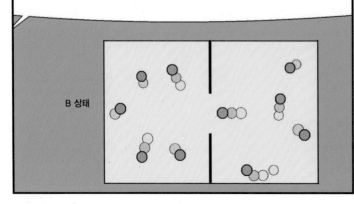

B 상태

이것은 온도가 높은 오른쪽 상자에서
온도가 낮은 왼쪽 상자로 열이
이동했다는 뜻입니다.

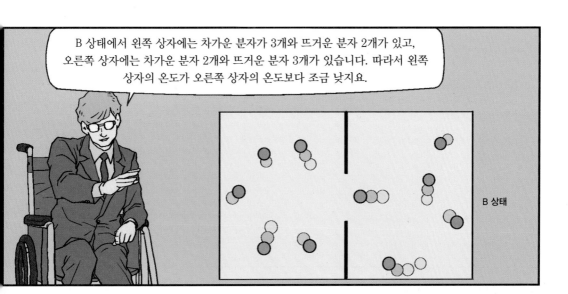

B 상태에서 왼쪽 상자에는 차가운 분자가 3개와 뜨거운 분자 2개가 있고, 오른쪽 상자에는 차가운 분자 2개와 뜨거운 분자 3개가 있습니다. 따라서 왼쪽 상자의 온도가 오른쪽 상자의 온도보다 조금 낮지요.

B 상태

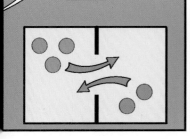

B의 상태에서 A의 상태로 바뀌려면 차가운 분자는 왼쪽 상자로 이동해야 하고, 뜨거운 분자는 오른쪽 상자로 이동해야 합니다.

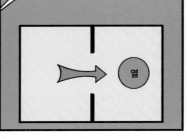

이것은 열(뜨거운 분자)이 온도가 낮은 곳(왼쪽 상자)에서 온도가 높은 곳(오른쪽 상자)으로 이동함을 뜻합니다.

열

하지만 이런 일은 일어나지 않습니다. B상태의 엔트로피는 A상태의 엔트로피보다 높기 때문입니다.

지금까지 살펴보았듯이 엔트로피는 자연현상의 변화 방향을 결정하는 개념이기도 합니다.

볼츠만의 엔트로피는 열역학뿐 아니라 자연현상의 근본을 설명하는 막강한 물리 개념이 되었습니다.

어떤 계의 엔트로피를 증가시키는 방법에는 여러 가지가 있습니다.
첫 번째는 어떤 계의 부피는 그대로 놔두고 그 안에 담긴 입자의
수를 늘리는 겁니다.

기체 분자가 많아질수록
기체 분자를 상자 안에
가두는 경우의 수가 커지기
때문입니다.

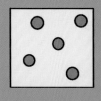

입자의 개수가 늘어남

엔트로피 증가

두 번째 방법은 어떤 계의 입자의 수는 그대로 놔두고
부피를 늘리는 겁니다. 이때도 엔트로피는 증가합니다.

부피가 늘어나도 기체 분자를
상자 안에 가두는
경우의 수가 커지지요.

계의 부피가 늘어남

엔트로피 증가

이는 어떤 계의 엔트로피를
부피 또는 넓이로 나타낼 수
있다는 말입니다.

이에 근거해 계산해 본 결과, 블랙홀의 엔트로피 S를
구하는 관계식을 도출할 수 있었습니다.

$$S = \frac{A\,c^3}{4\,\hbar\,G}$$

A : 사건의 지평선의 겉넓이
ℏ : 플랑크 상수
c : 광속
G : 뉴턴의 중력상수

c와 ℏ와 G는 모두 상수이므로 블랙홀의 엔트로피는 사건의 지평선의 겉넓이에 비례합니다.

블랙홀은 태양보다 십여 배 무거운 별이 중력 붕괴를 일으켜 만들어집니다.

질량이 큰 별

적색 초거성

초신성 폭발

태양보다 30배 이상 무거울 경우

중성자 별

블랙홀

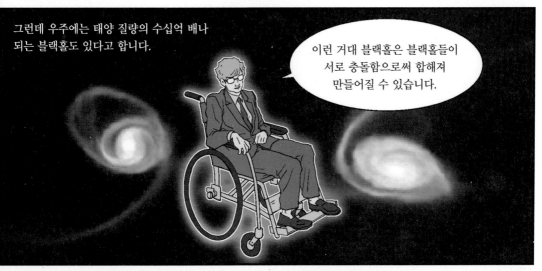

그런데 우주에는 태양 질량의 수십억 배나 되는 블랙홀도 있다고 합니다.

이런 거대 블랙홀은 블랙홀들이 서로 충돌함으로써 합해져 만들어질 수 있습니다.

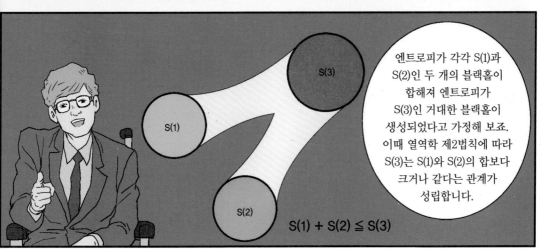

S(3)

S(1)

S(2)

엔트로피가 각각 S(1)과 S(2)인 두 개의 블랙홀이 합해져 엔트로피가 S(3)인 거대한 블랙홀이 생성되었다고 가정해 보죠. 이때 열역학 제2법칙에 따라 S(3)는 S(1)와 S(2)의 합보다 크거나 같다는 관계가 성립합니다.

$$S(1) + S(2) \leq S(3)$$

이쯤에서 한 가지 생각해 볼 게 있습니다. 블랙홀은 2차원 물체가 아니라 3차원 물체입니다. 그런데 어째서 엔트로피는 부피가 아니라 넓이에 비례한다고 했을까요?

여기 어떤 상자 안에 기체 분자가 들어 있다고 칩시다.

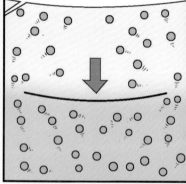

밀도가 낮은 보통 기체 분자 사이에 작용하는 중력은 거의 무시할 수 있습니다.

따라서 기체 분자들이 골고루 흩어져 있는 상자 안의 엔트로피는 앞에서 예를 든 것처럼 부피에 비례합니다.

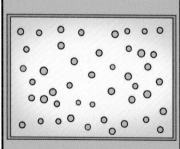

그러나 블랙홀 안의 밀도와 중력은 거의 무한대이기 때문에 우리 주변에서는 볼 수 없는 특이한 현상이 나타납니다.

블랙홀의 엔트로피는 부피가 아니라 겉넓이에 비례하는 것도 특이한 현상 중 하나입니다.

예를 들어, 어떤 구의 반지름이 10배 커지면 겉넓이는 100배 커지고 부피는 1000배 커집니다. 이때 구의 엔트로피는 부피에 비례하기 때문에 1000배 커지지요.

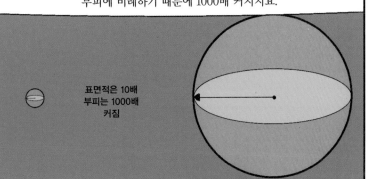

표면적은 10배
부피는 1000배
커짐

하지만 블랙홀의 엔트로피는 달라요. 블랙홀의 반지름이 10배로 커지면 부피는 1,000배 커지고 겉넓이는 100배 커지는데, 블랙홀의 엔트로피는 100배 커질 뿐이에요.

블랙홀에서 엔트로피가 어떤 의미를 갖는 겁니까?

아시다시피 블랙홀이 가진 물리량은 질량, 각운동량, 전하뿐입니다.

블랙홀은 이처럼 단순하지만 내부는 엄청난 비밀 창고예요.

그 비밀 창고의 내부를 아는 가장 좋은 단서가 바로 블랙홀의 엔트로피입니다.

예를 들어
블랙홀은
같은 크기의
물체 중에서
가장 큰 엔트로피를
갖는 물체라는
겁니다.

먼저 어떤 블랙홀과 크기는 같고
속은 텅 빈 구를 준비합니다. 이 구 안에
기체를 많이 주입할수록 엔트로피는
증가합니다. 이 구 안에 기체를 계속
주입하다 보면 언젠가는 블랙홀보다
엔트로피가 더 커질 겁니다.

그걸 어떻게
확신할 수
있지요?

그러나 실제로 이런 일은
일어나지 않지요. 그 전에
구 안의 밀도가 엄청나게
높아지면서 구 자체가 블랙홀이
되기 때문입니다.

어떤 블랙홀이
있는데, 이 블랙홀과
크기는 같으면서
엔트로피는
더 큰 물체를
만들어 볼까요?

물론 상상으로
말입니다.

그 블랙홀에
기체를 계속 더
주입하면 되지
않을까요?

하지만 블랙홀이
물체를 빨아들이면
엔트로피뿐 아니라
크기도 늘어납니다.

다시 말해 블랙홀의
부피가 커지면서 전체의
엔트로피가 늘어나는
거지요.

좋은 질문입니다.

따라서 블랙홀의 일정 영역이 갖는 엔트로피는 늘어나는 게 아닙니다.

마침내 우리는 이런 결론에 도달합니다.

'어떤 공간이 가질 수 있는 최대 엔트로피는 그 공간과 같은 크기의 블랙홀이 가지고 있는 엔트로피와 같다.'

호킹 박사님, 박사님은 블랙홀의 엔트로피가 열역학의 엔트로피와 같은 개념이라고 생각하시나요?

절대 아닙니다.

저는 블랙홀의 사건의 지평선의 겉넓이가 열역학의 엔트로피와 우연히 유사한 성질을 가졌다고 생각할 뿐입니다.

그 둘이 같다는 것은 아닙니다.

블랙홀은 일반상대성이론으로 다룰 수 있는 최신의 연구 과제이다. 그에 비해 열역학과 엔트로피는 오래전에 등장한 이론이다.

블랙홀 연구에 열역학이 기여할 수 있다고 생각한 사람은 거의 없었다. 이런 상황을 두고 유명한 과학 저술가인 데니스 오버바이는 이렇게 말했다.

그것은 마치 스티븐이 페라리 후드를 열어젖히고 그 속에서 덜커덩거리며 돌아가는 구식 증기기관을 찾아낸 격이었습니다.

1972년 여름. 세계적으로 손꼽히는 물리학자들이 스키 리조트로 유명한 프랑스의 르 우슈에 모였다. 그들의 공통 주제는 블랙홀이었다.

블랙홀은 속을 들여다볼 수 없으니 미지의 존재예요.

대부분의 물리학자들은 블랙홀 앞에서 그저 눈뜬장님에 지나지 않아요.

스티븐 박사는 몸은 휠체어에 갇혀 꼼짝할 수 없지만

그의 정신은 마치 블랙홀 속을 자유롭게 드나드는 것 같죠?

블랙홀은 모든 물체를 갈가리 찢어 버리고 빨아들이는 무시무시한 괴물이지만 사실 아주 단순하기도 합니다. 그래서 서로 구별하기 매우 힘듭니다.

여기 질량이 같은 쇳덩이와 돌덩이가 있다고 생각해 봅시다.

이 둘은 질량이 같더라도 재료가 다르기 때문에 구별할 수 있습니다.

이 쇳덩이와 돌덩이가 각각 A와 B라는 블랙홀로 빨려 들어갔다고 생각해 봅시다. 이때 외부의 관찰자는 어느 블랙홀에 어떤 물체가 빨려 들어갔는지 알 수가 없습니다. 외부에서 관측할 수 있는 정보는 오직 질량뿐이기 때문입니다.

심지어 물질로 만들어진 블랙홀과 반물질로 만들어진 블랙홀도 질량이 같다면 구별할 수 없을 겁니다.

휠러 박사는 블랙홀의 이런 특징을 두고 "블랙홀은 털이 없다."고 말했지요.

이 말은 블랙홀을 구별할 수 있는 정보는 질량 외에는 아무것도 없다는 뜻입니다. 질량이 같은 블랙홀은 같은 블랙홀인 셈이지요.

질량이라는 정보만 가지고 있는 이런 블랙홀을 흔히 '슈바르츠실트의 블랙홀' 이라고 합니다.

슈바르츠실트의 블랙홀은 회전운동을 하지 않는 단순한 블랙홀입니다. 하지만 회전운동을 하고 있는 블랙홀의 경우에는 외부에서 관측할 수 있는 정보 하나가 더 있습니다. 그 정보는 회전하는 물체가 가지는 운동량인 각운동량이지요.

질량과 각운동량이라는 두 개의 정보를 가진 블랙홀을 '커 블랙홀' 이라고 합니다. 회전하는 블랙홀의 존재는 1963년에 로이 커* 박사가 이론으로 처음 밝혔습니다.

각 운동량

질량

저는 이번 서머스쿨에서 큰 성과를 얻었습니다. 데이비드 로빈슨 박사와 함께 블랙홀의 질량과 각운동량에 대한 '털 없음 정리*'를 증명했기 때문입니다.

• 로이 커(Roy Kerr, 1934~) 뉴질랜드 수학자. 일반상대성이론 방정식에서 회전하는 블랙홀을 기술하는 해의 집합을 발견했다.
• 털없음 정리(No Hair Theorem)은 번역에 따라 '무모(無毛) 정리', '대머리 정리'라고도 옮긴다.

다시 말해 블랙홀은 질량과 각운동량의 두 가지 정보만 가진다는 걸 확인했다는 거지요.

사실 블랙홀의 털은 하나씩 늘어났습니다.

질량만 가진 블랙홀이 털을 하나 가지고 있다면, 질량과 각운동량을 가진 블랙홀은 털이 두 개인 셈이지요.

로이 커 박사는 블랙홀이 질량과 각운동량 외에 털 하나를 더 가지고 있다고 주장했습니다.

같은 해인 1963년에 커 박사와 테드 뉴먼 박사가 회전하면서 전하를 가진 블랙홀의 존재를 예측한 겁니다.

이 블랙홀은 전하를 가지고 있기 때문에 주변에 전기장이 펼쳐져 있습니다. 질량과 각운동량과 전하라는 세 개의 정보를 가진 블랙홀을 '커-뉴먼 블랙홀'이라고 합니다.

이제 스티븐이 블랙홀 연구의 선구자라는 사실을 의심하는 사람은 아무도 없었다.

스티븐의 블랙홀 엔트로피에 대한 입장은 단호했다. 하지만 스티븐과 완전히 다른 생각을 하는 사람도 있었다. 그 사람은 베켄스타인[*]이었다. 그도 이번 서머스쿨에 참가했다.

스티븐의 블랙홀 연구에 깊은 관심을 가졌던 베켄스타인은 스티븐보다 더 급진적인 주장을 펼쳤다.

사건의 지평선의 겉넓이가 엔트로피와 유사하다고요? 그게 아니라 그건 블랙홀의 엔트로피 그 자체입니다!

당신의 주장은 사건의 지평선의 겉넓이가 증가한다는 내 발견을 오해한 겁니다. 그건 엔트로피와 유사하지만 열역학에서 말하는 그 엔트로피는 아닙니다.

사건의 지평선의 겉넓이가 엔트로피와 똑같은 특성을 가졌다면 그것을 엔트로피라고 하는 게 당연하지 않겠습니까?

그 주장에는 심각한 오류가 있어요. 엔트로피를 가진 물체는 온도를 가져야 한다는 건 알고 계시지요?

물론입니다.

● **제이콥 베켄스타인(Jacob David Bekenstein, 1947~2015)** 부모는 폴란드계 유대인인데 멕스코로 이주하여 베켄스타인을 낳았다. 미국과 이스라엘의 국적을 갖고 있다. 프린스턴대학의 존 휠러 밑에서 박사학위를 받았다.

그렇다면, 블랙홀도 온도를 가져야 할 겁니다.

그, 그렇지요.

절대영도가 아닌 모든 물체는 전자기파 형태의 복사 에너지를 방출합니다. 뜨거운 별은 물론 차가운 얼음에서도 복사 에너지가 방출되고 있어요. 블랙홀도 예외는 아니에요.

하지만 아시다시피 블랙홀에서는 빛마저도 빠져나올 수 없어요. 그런데 어떻게 복사 에너지를 방출할 수 있단 말입니까? 이런 모순을 어떻게 설명하시겠습니까?

지금 이 자리에서 그 문제에 대한 답변을 하진 못하지만, 모순을 해결할 방법은 반드시 있을 겁니다.

스티븐은 서머스쿨 기간 동안 동료들과 함께 블랙홀 열역학에 관한 4개의 중요한 법칙을 도출했다.

블랙홀 열역학 법칙

제0법칙 안정된 블랙홀에서 지평선의 표면중력은 일정하다.

제1법칙 블랙홀 에너지의 변화는 겉넓이와 각운동량과 전하량의 변화를 더한 값이다

제2법칙 사건의 지평선의 겉넓이는 언제나 증가한다.

제3법칙 블랙홀의 지평선의 표면중력이 0이 될 수는 없다.

원래 열역학을 지탱하는 중요한 법칙은 모두 4개이다. 앞서 설명한 제1법칙과 제2법칙, 그리고 제0법칙과 제3법칙이다.

바딘[*], 카터[*] 박사, 누구나 알고 있듯이 열역학 제0법칙은 "A와 C가 열평형 상태이고, B와 C가 열평형 상태이면 A와 B도 열평형 상태에 있다."이죠.

열평형 상태란 물체 사이에 열이 이동하지 않는다는 뜻이지요. 따라서 A와 B와 C의 온도도 변하지 않아요.

물체 사이에 열이 이동하지 않으니 온도는 일정하다는 거겠지요.

열역학의 제3법칙은 "물체의 온도가 절대영도에 가까워질수록 엔트로피도 0에 가까워진다."는 겁니다.

그럼, 베켄스타인의 주장을 그의 입장에서 검토해 볼 필요가 있겠어요.

동의합니다. 먼저, 0법칙부터 볼까요? 열역학 0법칙은 온도가 일정하다고 하고, 블랙홀 열역학 0법칙은 표면중력이 일정하다고 하지요.

온도와 표면중력이라는 용어만 달라졌을 뿐이에요.

열역학의 제1법칙은 "에너지는 형태가 바뀔 뿐 저절로 생기거나 사라지지 않는다."고 표현할 수도 있어요.

- **제임스 바딘(James Bardeen, 1939~)** 미국 이론물리학자. 칼텍에서 리처드 파인먼의 지도로 박사학위를 받았다. 노벨물리학상을 두 번이나 수상한 존 바딘의 아들이다
- **브랜든 카터(Brandon Carter, 1942~, 그림에서 수염을 기른 이)** 오스트레일리아의 이론물리학자. 케임브리지대학에서 시아머 교수의 지도를 받은 대학원생 중 한 명이다. 호킹과 함께 블랙홀의 물리학적 속성을 밝히는 연구를 한 것으로 유명하다.

예를 들어 열역학 1법칙에 의하면, 운동에너지, 위치에너지, 열에너지를 가진 물체의 전체 에너지는 이 세 에너지의 합이지요.

블랙홀 열역학 1법칙에서는 여러 형태의 에너지의 합으로 본다는 점에서 유사함이 있어요.

2법칙에서는 엔트로피와 겉넓이라는 용어가 서로 대구를 이루죠.

3법칙을 볼까요? 절대영도는 도달할 수 없는 온도이니, 엔트로피는 0에 가까워질 뿐 0이 될 순 없죠.

블랙홀 열역학 3법칙에서는 엔트로피 대신 표면중력이 0이 될 수 없다고 하니, 역시 상당히 유사하다고 볼 수 있겠네요.

그러게 말이에요. 물리량만 바꾸면 똑같은걸요.

둘은 그저 비슷할 뿐 동일하지 않다는 것을 분명히 하는 데 주안점을 두어 논문을 써야 하겠어요.

그게 좋겠군요.

내 주장이 옳다는 걸 입증할 뿐이야.

블랙홀 열역학에 관한 논문은 1973년에 출판되었다.

1973년 9월, 스티븐은 동료 킵 손●과 함께 러시아 모스크바의 과학아카데미 물리문제연구소를 방문했다.

젤도비치 소장은 블랙홀과 빛의 상호작용에 관심이 많다지?

그래서 나도 기대가 크다네.

과학아카데미 물리문제연구소의 소장은 야코프 젤도비치(1914~1987)라는 유명한 이론물리학자였다.

젤도비치 소장님, 블랙홀이 빛을 방출할 수 있다는 연구를 하고 계시다고요?

그렇소. 회전하는 블랙홀은 빛을 방출할 수도 있다고 생각합니다.

저희도 블랙홀의 속성을 규명해 오고 있습니다만, 아직 그럴 가능성을 발견하지는 못했는데… 어째서 그렇게 생각하시나요?

양자역학의 불확정성 원리에 따르면 회전하는 블랙홀의 각운동량, 즉 회전에너지는 빛으로 바뀔 수 있습니다. 그렇게 되면 블랙홀의 회전은 서서히 느려질 겁니다.

그러다 마침내 블랙홀은 회전과 빛의 방출, 즉 복사를 멈추고 말 겁니다.

● 킵 손(Kip Stephen Thorn, 1940~) 호킹과는 연구 동료이자 오랜 절친이다. 2014년 개봉한 영화 〈인터스텔라〉의 과학 자문을 맡은 사실이 알려져 한국에서 대중적인 인지도를 얻었다. 2009년 이후 현재까지 칼텍 이론물리학부의 '파인먼 교수직'을 맡고 있다.

이보게 스티븐, 젤도비치 소장의 설명처럼 블랙홀이 빛을 방출한다면 그건 블랙홀이 온도를 갖는다는 말과 같네.

흠….

젤도비치 소장의 연구는 아주 흥미롭지만 왠지 방향을 잘못 잡은 것 같아.

블랙홀이 정말 온도와 엔트로피를 가지는 건 아닐까?

소장이 제시한 양자역학적 근거는 일리가 있다고 생각했네만, 그에 따른 계산 방식은 신빙성이 떨어져.

스윽

거기에는 나도 같은 생각이네. 그래도 이전보다 우리 연구를 재검토해 볼 필요성은 높아졌지.

학교로 돌아가면 곧바로 해야 할 일이 생겼네그려, 하하.

젤도비치 소장의 연구는 베켄스타인의 주장을 뒷받침해.

20세기의 물리학은 상대성이론과 양자역학이라는 두 개의 기둥이 떠받치고 있었다.

현대 물리학

상대성 이론

양자역학

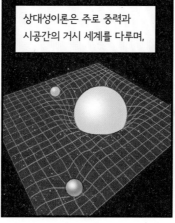

상대성이론은 주로 중력과 시공간의 거시 세계를 다루며,

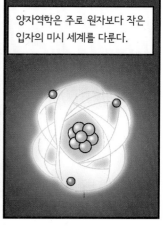

양자역학은 주로 원자보다 작은 입자의 미시 세계를 다룬다.

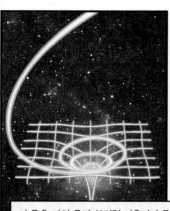

이 둘은 마치 물과 불처럼 어울리지 못했다. 상대성이론이 활약하는 분야에서는 양자역학이 끼어들 여지가 없었고, 양자역학이 활약하는 분야에서는 상대성이론이 끼어들 여지가 없었다.

일반상대성이론과 양자역학을 결합한 새로운 이론을 '양자중력이론'이라고 한다. 양자중력이론은 중력을 양자론으로 기술하는 물리학이다.

양자역학

상대성 이론

양자중력이론

스티븐은 양자중력이론의 선구자이기도 했다. 그가 예측한 원시 블랙홀이 바로 양자중력이론으로 다루어야 하는 분야였다.

원시 블랙홀은 엄청난 중력 때문에 만들어진 천체라는 점에서는 일반상대성이론으로 다루어야 했지만, 양성자에 견줄 만큼 크기가 작은 천체라는 점에서는 양자역학으로 다루어야 했기 때문이다.

젤도비치를 만나고 돌아온 후, 스티븐은 머릿속에서 복잡한 방정식과 씨름을 했다.

먼저 입자들이 블랙홀 주변에서 어떻게 움직이는지 양자역학으로 기술해야 한다.

1973년의 크리스마스가 지나가고 있었다.

아, 정말 이상해. 아무리 거듭 계산해 봐도 블랙홀이 입자를 방출한다는 결과가 나오니 말이야.

베켄스타인과 젤도비치가 틀렸다는 걸 증명하려 했는데 오히려 그들이 옳다는 결과가 나오다니!

1974년 1월

여러 차례 검산해도 계산에 오류가 없었다.

그렇다면 설마…!

시아머 교수님, 제가 틀렸습니다.

자네가 틀렸다니, 무슨 말인가?

블랙홀 역학에 관한 제 주장에 오류가 있다는 걸 인정해야만 하겠습니다.

몇 달 동안 연구하고 계산했더니, 블랙홀이 입자의 형태로 복사를 한다는 결론이 나오지 뭡니까?

그게 정확한 결론인가? 그럼 블랙홀이 온도를 가지고 있다는 것 아닌가?

면밀히 검토한 결론이니, 그렇다는 걸 인정해야 할 것 같아요.

부끄럽게도 제 주장이 틀리고 베켄스타인의 주장이 옳다는 걸 제가 입증한 셈이 되었네요.

그게 무슨 말인가? 자넨 블랙홀에 대한 개념을 완전히 바꾸는 엄청난 사실을 발견한 것이란 말일세!

그해 봄

… 블랙홀은 절대온도 0도의 차가운 천체가 아니라 에너지를 복사하는 뜨거운 천체이다. …

탁
탁탁
탁

스티븐은 이 논문을 『네이처』에 발표했다.

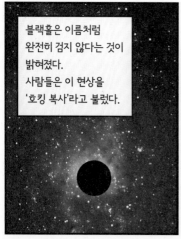

블랙홀은 이름처럼 완전히 검지 않다는 것이 밝혀졌다.
사람들은 이 현상을 '호킹 복사'라고 불렀다.

호킹 복사는 물리학계를 뒤흔들어 놓았다.

호킹 박사의 주장을 믿으란 말이오?

젤도비치도 2년이 지나서야 호킹 복사를 수긍할 정도였다.

호킹 복사를 믿는다고 문제가 해결되는 것도 아니니 그게 문제예요.

왜요?

호킹 복사의 원리를 정확히 아는 사람이 아무도 없으니까요.

헐.

호킹 박사도 계산 결과로 설명할 뿐인걸요.

호킹 복사의 원리는 여러 과학자들의 노력으로 서서히 밝혀졌다.

흔히 진공은 아무것도 없고 아무 일도 일어나지 않는 곳이라고 생각합니다.

하지만 양자역학이 적용되는 아주 미세한 영역에서는 가상의 입자들이 들끓고 있어요.

양자역학의 핵심인 불확정성 원리에 따르면 진공은 아주 짧은 순간 무에서 유를 창조할 수 있어요. 물질이나 에너지가 만들어질 수도 있는 거지요.

특수상대성이론에 따르면 질량(물질)과 에너지는 등가예요.

즉 에너지는 물질로 바뀔 수 있고,

물질은 에너지로 바뀔 수 있습니다.

에너지로부터 입자와 반입자의 쌍이 만들어지기도 하고, 입자와 반입자가 결합하여 에너지가 만들어지기도 하거든요.

쌍생성

빛(에너지)

입자

반입자

입자

빛(에너지)

반입자

쌍소멸

에너지로부터 입자와 반입자 한 쌍이 만들어지는 과정을 쌍생성이라고 해요.

입자와 반입자가 결합하여 에너지를 만들고 사라지는 과정을 쌍소멸이라고 하지요.

블랙홀의 사건의 지평선 바로 바깥에서도 쌍생성과 쌍소멸이 끊임없이 일어나고 있어요.

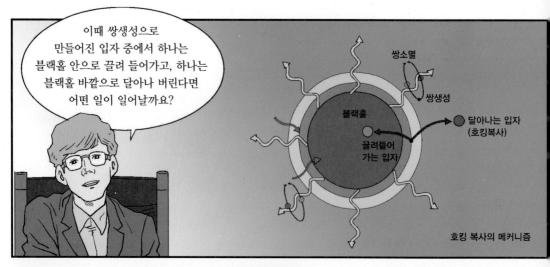

이때 쌍생성으로 만들어진 입자 중에서 하나는 블랙홀 안으로 끌려 들어가고, 하나는 블랙홀 바깥으로 달아나 버린다면 어떤 일이 일어날까요?

쌍소멸

쌍생성

블랙홀

달아나는 입자
(호킹복사)

끌려들어
가는 입자

호킹 복사의 메커니즘

쌍생성을 일으키는 에너지의 정체는 블랙홀의 중력 에너지예요.

그런데 이 에너지로 만들어진 두 개의 입자 중에서 오직 한 개만 회수했으니 블랙홀은 그만큼 에너지를 잃어버린 꼴이 됩니다. 이 과정이 호킹 복사입니다.

에너지를 잃는다는 건 블랙홀이 온도를 갖는다는 의미입니다. 또한 에너지는 질량과 등가이므로, 블랙홀은 서서히 질량을 잃게 됩니다.

호킹 복사를 관찰하는 사람은 이렇게 생각할 겁니다.

"블랙홀이 에너지를 복사하면서 조금씩 사라지고 있어!"

블랙홀은 호킹 복사를 일으키면서 언젠가는 사라질 겁니다.

저는 이 현상을 블랙홀이 '증발한다'고 표현합니다.

블랙홀이 '폭발한다'고 할 수 있겠지요.

엄청난 중력을 가진 블랙홀들이 우주 여기저기에서 폭발한다면 큰일 아닐까요?

다행히 걱정하지 않아도 됩니다. 블랙홀이 증발하는 데는 매우 긴 시간이 걸리기 때문이죠.

질량이 태양의 30배쯤 되는 블랙홀의 온도는 절대 영도에 가까워서, 복사하는 에너지의 양이 아주 작고 증발하는 시간은 아주 길어요.

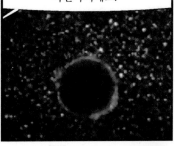

이런 블랙홀이 모두 증발하는 데 걸리는 시간은 무려 우주 나이의 10^{61}배나 됩니다. 이 정도면 블랙홀이 증발하지 않는다는 말이나 마찬가지예요.

그러나 질량이 1억 톤밖에 안 되는 원시 블랙홀이라면 사정이 달라져요. 원시 블랙홀의 온도는 무려 1조K나 되기 때문에 그만큼 복사하는 에너지의 양도 많습니다.

우주에는 빅뱅과 함께 태어난 양성자 크기의 원시 블랙홀들이 셀 수 없이 흩어져 있어요. 그 원시 블랙홀들은 지금 이 순간에도 우주 어딘가에서 폭발하고 있을 겁니다!

1974년 5월, 영국 왕립학회

호킹 복사를 발표한 지 얼마 지나지 않아, 스티븐에게 과학자로서 더 없는 영예의 순간이 찾아왔다. 32세의 젊은 나이에 영국 왕립학회의 회원으로 추대되었던 것이다.

이 회원 명부에 서명을 하시면 됩니다.

스티븐에게는 서명하는 일도 투쟁이었다.

호지킨[*] 회장님, 영광입니다.

1974년 봄에는 왕립학회 회원 선출에 이어 또 하나의 행운이 찾아왔다. 미국 캘리포니아 공과대학으로부터 초청장을 받았던 것이다.

POST

● **앨런 호지킨**(Alan Lloyd Hodgkin, 1914~1998) 영국의 생리학자. 1973년 기사 작위를 받았고, 1970년부터 75년까지 왕립학회장을 지냈다.

제인, 미국 칼텍에서 초청장이 왔소!*

어머, 정말이에요?

좋은 소식이긴 한데, 당신 몸이 점점 나빠지고 있어서 걱정이에요.

난 아이들 돌보느라 당신에게 매달릴 수도 없고….

그렇다고 사람을 고용할 처지도 못 되고 말이에요.

혼자서도 잘할 수 있으니 너무 걱정하지 않아도 되오.

이렇게 하면 어떨까요?

당신 제자 한 명이 함께 가는 거예요.

당신을 도우며 연구도 할 수 있잖아요.

제인의 의견에 따라 대학원생이 미국행에 동행하기로 했다.

제가 호킹 박사님의 손과 발이 되어 드릴 테니 걱정하지 마세요.

그해 여름, 스티븐은 칼텍 근처에 집을 마련했다.

우리가 살 집이오.

정말 멋져.

* '셔먼 페어차일드 실적 장학금'이라는 명목의 지원금을 받아 칼텍에서 킵 손과 연구를 수행해 달라는 초청이었다.

스티븐은 캘리포니아에 머무는 동안 킵 손, 돈 페이지* 같은 뛰어난 과학자들을 만났다.

호킹 박사님.

원시 블랙홀에서 분출하는 감마선*을 관측할 수 있다면,

원시 블랙홀의 존재를 입증할 수 있지 않을까요?

그래요.

검출 방법을 찾고 계산으로도 확인해 봅시다.

칼텍에 머물던 때 유명한 일화가 있다. 당시 유력한 블랙홀 후보로 점쳐지던 천체를 두고 킵 손과 내기를 한 일이다.

자네도 백조자리 X-1*이 블랙홀이라고 생각하겠지?

백조자리 X-1의 발견은 1964년으로 거슬러 올라간다. 천문학자들은 블랙홀을 찾기 위해 우리은하 안에서 천체 후보 명단을 작성한 후, 별의 거동을 조사하여 70년대 초에 이르러 후보를 4개로 압축했다.

데네브

백조자리 Cygnus

X-1

알비레오

백조자리 X-1이 블랙홀이라는 데는 별로 이견이 없잖나? 자네도 그렇게 생각할 테고.

백조자리 X-1의 질량이 아직까지 불확실하지만, 블랙홀로 판명되는 건 시간 문제일 뿐이지.

나하고 내기를 할 텐가?

• 돈 페이지(Don Nelson Page, 1948~) 미국 태생의 캐나다 이론물리학자. 호킹이 칼텍에 왔을 때 박사 과정을 밟고 있었다. 이 첫 만남 이후 호킹의 평생지기가 되었다.

• 감마선 파장이 매우 짧고 에너지가 높은 전자기파의 하나. 방사성 붕괴나 기본입자들이 충돌할 때 발생하기 때문에 원시 블랙홀 내부가 감마선 생성에 알맞은 조건이라고 보는 것이다.

• 백조자리에 있는 X선을 방출하는 천체이기 때문에 붙여진 이름이다.

무슨 내기를?

만일 내가 지면 자네에게
『펜트하우스』® 1년 정기구독권을
끊어 주고, 당신이 지면 나한테
『프라이비트 아이』® 4년 정기구독권을
주면 어떻겠소?

좋네.

당연히 내가 이기는
내기인데
뭘 걸면 어떻겠나?

그런데 자네, 내기에서
지면 억울하지 않을까?

X-1은 블랙홀인가
아닌가?
난 아니다에 걸 거요.

백조자리 X-1이
블랙홀로 판명나면
내 주장대로 블랙홀의
존재가 증명되는 것이고,
그렇지 않으면,
4년 동안 공짜로 보고
싶은 잡지를 구독하게
되니 손해볼 건 없다네.

허허, 참
못 말리겠군.

백조자리 X-1은 청색거성과 짝을 이루는
쌍성이었다. 그 동반성을 이루는 물질
일부는 백조자리 X-1의 중심으로 빨려
들어가고 있었다. 백조자리 X-1의 중력이
아주 강했기 때문이다.

동반성

블랙홀

천문학자들은 백조자리 X-1이 동반성에 미치는 중력의 크기를
계산하여 백조자리 X-1의 질량이 태양의 8배가 넘는다는 사실도
알아냈다. 1990년 6월, 호킹은 손에게 약속을 지켰다.

물론 킵손의 부인은 그 내기를 아주
언짢아했을 것이다.

● 『펜트하우스』(Penthouse)는 미국에서 발행되는 유명한 포르노 잡지.
● 『프라이비트 아이』(Private Eye)는 재미있는 기사를 주로 다루는 대중잡지.

과학 이론이 보여주는 우주는 실제라고 믿을 수 있을까?

옛날 사람들은 땅이 평평하다고 믿었다. 땅, 즉 지구가 공처럼 둥글다는 증거를 처음 제시한 사람은 옛 그리스의 철학자 아리스토텔레스였다. 아리스토텔레스는 월식 때 달 표면에 드리워진 지구의 그림자를 보고 지구가 둥글다는 사실을 알아냈다고 한다. 지구가 둥글다는 증거는 그 밖에도 아주 많다.

먼 바다에서 항구를 향해 다가오는 범선을 보자. 범선이 먼 곳에 있을 때에는 돛의 꼭대기만 보인다. 그리고 범선이 가까이 다가올수록 범선의 전체 모습이 점점 드러나기 시작한다. 이 또한 지구가 둥글기 때문에 나타나는 현상이다.

북쪽으로 갈수록 북극성의 고도가 높아진다는 것도 지구가 둥글기 때문에 나타나는 현상이다. 만일 지구가 평평하다면 어느 곳에서 보던 북극성의 고도는 같아야 한다.

과학은 이처럼 세상의 실체를 밝히는 과정이다. 또 과학자는 관측을 하고, 이론을 세우며, 실험을 하는 등 여러 가지 과학 활동을 통해 세상의 실체를 밝혀내는 사람이라고 할 수 있다.

과학은 오랜 세월 세상의 실체를 밝혀내는 데 큰 기여를 했다. 지구와 같은 거시적 실체뿐 아니라 물질을 이루는 기본 입자, 즉 원자와 같은 미시적 실체도 마찬가지다.

흔히 '보는 것이 믿는 것이다.'고 말한다. 우리는 그만큼 우리의 시각을 신뢰한다. 인공위성에서 바라본 지구의 모습을 보면 누구든 지구는 둥근 공처럼 생겼다고 확신하지 않는가. 하지만 원자처럼 눈으로 볼 수 없는 실체에 관해서는 어떨까? 과학 이론이 제시하는 원자의 모습이 실체라고 확신할 수 있을까? 더 나아가 우리가 도저히 상상할 수 없는 상대성이론과 양자역학적 세계상이 실제라고 확신할 수 있을까?

예를 들어 블랙홀을 생각해 보자. 과학 이론에 따르면 블랙홀 주변의 공간은 심하게 구부러져 있다. 구부러진 공간이 정말 실제일까? 물론 블랙홀 주변의 공간이 구부러져 있다는 과학 이론은 블랙홀에서 일어나는 현상을 잘 설명한다.

우리는 구부러진 공간을 볼 수 없다. 하지만 많은 사람들은 현상을 잘 설명한다는 사실을 근거로 블랙홀 이론을 믿으며, 또 그 이론이 제시하는 블랙홀의 모습이 실제라고 생각한다. 과연 그럴까? 한 걸음 더 나아가 생각해 보자.

　현재 많은 사람들의 머릿속에 자리 잡고 있는 원자 모형은 1913년에 덴마크 물리학자 닐스 보어가 제시한 것이다. 보어는 원자가 원자핵과 그 둘레의 일정한 궤도를 도는 전자로 이루어져 있다고 주장했다. 보어의 원자 모형은 원자가 에너지를 방출하거나 흡수하는 현상을 잘 설명했다.

　그 당시 보어의 원자 모형은 현상을 잘 설명하는 멋진 과학 이론이었다. 그렇다면 보어의 원자 모형은 원자의 실제라고 믿을 수 있는 것이 아닐까? 하지만 그렇게 생각하는 순간 큰 오류가 나타난다. 현대의 양자역학에 따르면 전자의 궤도는 태양 둘레를 도는 행성의 궤도와 전혀 다르기 때문이다. 원자핵 둘레를 도는 전자는 일종의 확률 분포를 나타내는 구름처럼 퍼져 있는 것이다.

　새로운 과학 이론에 따라 바뀔 수 있는 실체는 진정한 실체가 아니다. 현재 최신 과학 이론이 보여주는 모든 실체도 보어의 원자 모형처럼 언제든지 새로운 모습으로 바뀔 수 있다. 어쩌면 과학 이론이란 실체를 밝히려는 노력이 아니라 실체에 접근하려는 노력에 지나지 않는 것인지도 모른다.

　우주의 실제 모습에 가장 가까이 다가간 사람이라고 일컬어지는 호킹도 그렇게 생각했다. 호킹은 『시간의 역사』에서 과학 이론의 이런 속성을 다음과 같이 표현했다.

"이론이란 우주 전체 또는 부분에 대한 모형에 지나지 않으며, 그 모형이 가진 물리량과 우리 관측 결과를 관계 짓는 규칙들의 집합일 뿐이다."

7

시작도 없고
끝도 없는 우주

허수 시간과 무경계 가설

1981년 가을,
로마 바티칸 교황청

지동설을 주장했던 갈릴레이는
교황청에 종교재판을
받기 위해 왔지만,

난 교황청 과학원
우주과학학회에서 강연을
하기 위해 왔다.

우리는 빅뱅 이후 우주의 진화 과정을 논의하려고 여기에
모였습니다. 빅뱅은 흔히 '뜨거운 빅뱅 모형'으로
잘 알려져 있습니다.

빅뱅이 일어날 때의
우주는 크기가
무한히 작았지만
온도는 무한히
높았기 때문입니다.

우주의 온도는
우주가 팽창하면서 아주 빠르게
낮아졌습니다. 빅뱅 1초 후에는 우주의
온도가 100억 도까지 떨어졌습니다.

이때 우주를 차지하고
있던 것은 대부분 광자와
전자와 중성미자, 그리고
양성자와 중성자였습니다.

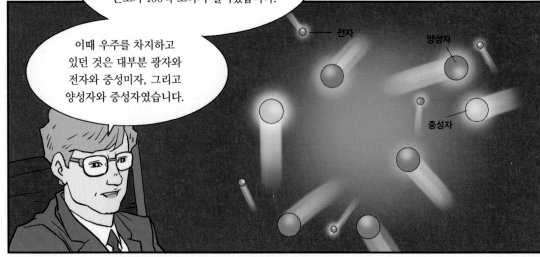

전자

양성자

중성자

원자핵이 만들어진 것은 빅뱅 후
100초가 지나서였습니다.
우주의 온도가 10억 도까지 떨어지자
양성자 1개와 중성자 1개가 강한 핵력*으로
결합하여 중수소 원자핵을
이루기 시작한 거지요.

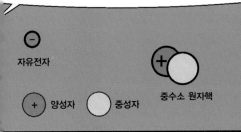

중수소 원자핵의 일부는
양성자와 중성자를
더 받아들여 헬륨* 원자핵을
이루기도 합니다.

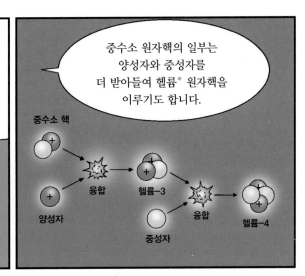

헬륨 원자핵은 두 개의 양성자와
두 개의 중성자로 이루어져 있지요.

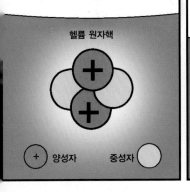

중성자가 붕괴하여 양성자로 변하기도
합니다. 이를 베타(β) 붕괴라고 하지요.
이렇게 생성된 많은 양성자들이 바로
지금 우주에 가장 많이 존재하는
수소의 원자핵입니다.

수십만 년이 지나는 동안
우주는 큰 변화 없이 계속
팽창했습니다.

그러다 우주의 온도가
수천 도까지 떨어지자 원자핵과
전자 같은 입자들의 움직임이
둔해졌지요.

우주 공간을 거침없이
날아다니던 원자핵과 전자는
더 이상 그 둘 사이에 작용하는
전기력을 벗어날 수가
없었어요.

그 결과 전자들이 원자핵에
붙들리면서 수소 원자와
헬륨 원자가 만들어졌습니다.

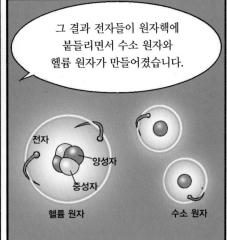

● **강한 핵력** 양성자와 중성자 사이에 작용하여 원자핵을 이루도록 만드는 힘.
● **자유전자** 핵의 인력에 붙들리지 않은 전자.

우주는 계속 팽창했지만 수소 기체는 여기저기 커다란 덩어리를 이루기도 했습니다.

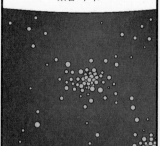

수소 기체가 흩어지지 않고 덩어리를 이룰 수 있었던 것은 중력 덕분이었습니다.

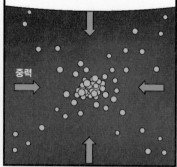

중력

덩어리는 자체의 중력으로 수축하면서 회전하기 시작했으며 점점 원반 모양을 갖추었습니다.

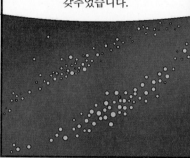

수소 기체의 이 거대한 원반이 바로 은하입니다.

안드로메다 은하

수소 기체는 은하 안에서도 여기저기 커다란 덩어리, 즉 성운을 이룹니다.

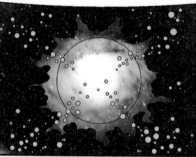

성운을 이루는 수소 기체는 자체의 중력으로 수축하면서 점점 뜨거워집니다.

공 모양을 이루며 뜨겁게 달아오른 성운의 중심 온도가 1천만 도를 넘기면 수소 핵융합 반응이 일어나면서 엄청난 열과 빛을 우주 공간으로 내뿜기 시작합니다.

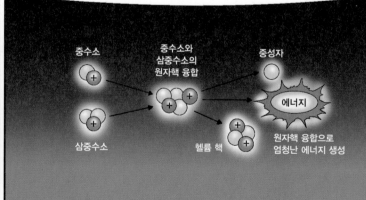

중수소

삼중수소

중수소와 삼중수소의 원자핵 융합

중성자

헬륨 핵

에너지

원자핵 융합으로 엄청난 에너지 생성

드디어 별이 탄생한 겁니다.

은하는 수많은 별과 수소 기체의 구름으로 이루어져 있으며,

우주는 수많은 은하들로 이루어져 있습니다.

우주의 이런 모습은 빅뱅 후 100억 년 이상 팽창하면서 만들어졌지요.

빅뱅 이론은 우주의 진화 과정을 현실적으로 잘 설명해 줍니다.

하지만 빅뱅 이론으로 설명할 수 없는 문제들도 있습니다. 예를 들어 우주는 대국적 규모에서 아주 균일하다는 겁니다.

빅뱅 우주론

● 우주에는 빛으로 관측할 수 있는 범위 안에 약 1천억 개의 은하가 있다는 것이 오랜 상식이자 정설이었다. 그런데 최근 새로운 계산법에 의해 이 개수는 10배 정도 늘어났다는 보고가 있다.

물론 우주의 한 부분을 보면 물질이 가득한 곳도 있고 텅 빈 곳도 있습니다.

하지만 우주 전체적으로 보면 물질이 놀라울 만큼 균일하게 분포하고 있지요.

또 우주는 아주 아슬아슬한 임계 비율로 팽창하고 있다는 겁니다.

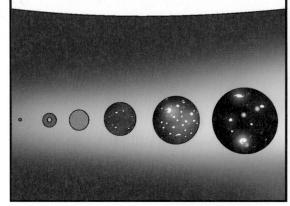

만일 빅뱅 1초 후의 팽창률이 실제 팽창률보다 10만조분의 1만큼이라도 작았다면 우주는 지금처럼 크게 자라기도 전에 무너져 버리고 말았을 겁니다.

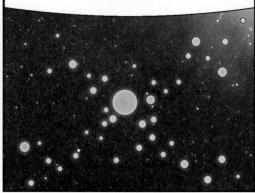

빅뱅 1초 후의 팽창률이 실제 팽창률보다 10만조분의 1만큼이라도 컸다면 우주는 지금보다 훨씬 크게 자랐을 겁니다. 그럼 우주는 거의 텅 비어 있겠지요.

빅뱅 이론만으로는 이 문제를 설명할 수 없었습니다.

미국 매사추세츠공대의 앨런 구스 박사는 이 문제를 해결할 수 있는 기막힌 아이디어를 제안했습니다.

앨런 구스
(Alan Harvey Guth, 1947~)

바로 '우주 인플레이션(급팽창) 이론'으로, 빅뱅 직후의 짧은 순간(10-33초~10-32초) 우주가 빛보다 빠른 속도로 팽창함으로써 지금과 같이 평탄하고 균일한 우주가 형성되었다는 것입니다.

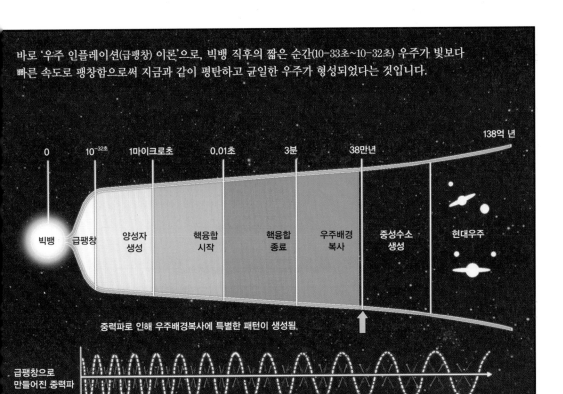

구스 박사에 따르면 탄생 초기의 우주는 1초도 안 되는 아주 짧은 시간에 양성자 크기에서 커다란 사과 크기로 급격하게 팽창했다고 합니다.

그는 인플레이션을 일으키는 데 필요한 엄청난 에너지를 '상전이'라는 현상으로 설명했습니다.

액체 상태의 물이 고체 상태의 얼음이나 기체 상태의
수증기로 바뀌는 현상을 상전이라고 합니다.

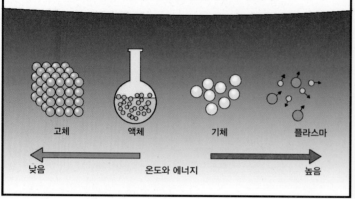

고체　　　　액체　　　　기체　　　　플라스마

낮음　　　　　　온도와 에너지　　　　　　높음

액체 상태의 물은 대칭성을
유지하고 있습니다.
이것은 모든 방향이 서로
다르지 않다는 뜻이지요.

하지만 물이 얼기 시작하면
얼음 결정들은 일정한
방향으로 늘어섭니다.

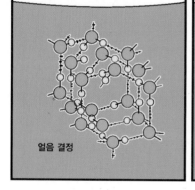

얼음 결정

액체 상태에서 고체 상태로
상전이를 하면서 대칭성이
깨지는 거지요.

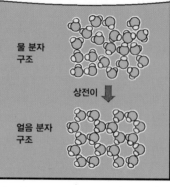

물 분자
구조

상전이

얼음 분자
구조

0℃의 물은 대칭성을
갖추고 있지만 0℃의 얼음은
대칭성이 깨진 상태입니다.

대칭성 깨짐

대칭성이 깨진다는
것은 어떤 물질의
구조가 달라진다는
것을 뜻합니다.

물질의 구조가 달라지면 당연히
내부 에너지의 크기도 달라집니다.
0℃의 물은 0℃의 얼음보다
에너지를 더 가지고 있습니다.

물 에너지　　＞　　얼음 에너지

따라서 0℃의 물이
0℃의 얼음으로 상전이를
하여 대칭성이 깨질 때 여분의
에너지가 방출되는 겁니다.

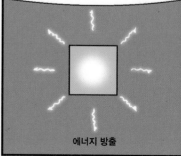

에너지 방출

액체 상태의 물은 0℃가 되면 상전이를 하여 고체 상태의 얼음이 되어야 합니다.

0℃ 상태

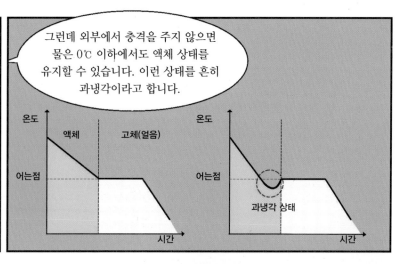

그런데 외부에서 충격을 주지 않으면 물은 0℃ 이하에서도 액체 상태를 유지할 수 있습니다. 이런 상태를 흔히 과냉각이라고 합니다.

온도

액체   고체(얼음)

어는점

시간

온도

어는점

과냉각 상태

시간

물론 과냉각 상태의 물은 어떤 충격을 받으면 순식간에 얼음으로 상전이를 합니다.

구스 박사는 우주도 과냉각 상태를 거칠 수 있다고 주장했습니다.

우주에서 상전이를 하는 것은 바로 힘입니다.

자연에는 강력과 약력과 전자기력과 중력이라는 4가지의 근원적인 힘이 존재합니다. 빅뱅 바로 직후의 아주 뜨거운 우주에서는 이 4가지 힘이 하나로 통합되어 있습니다.

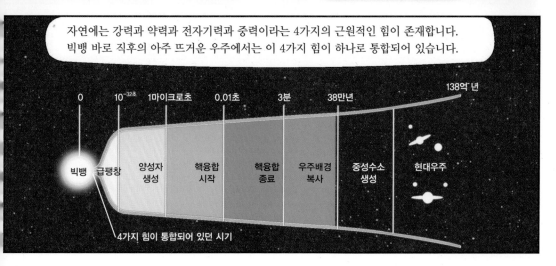

0   10⁻³²초   1마이크로초   0.01초   3분   38만년   138억 년

빅뱅 급팽창 양성자 생성 핵융합 시작 핵융합 종료 우주배경 복사 중성수소 생성 현대우주

4가지 힘이 통합되어 있던 시기

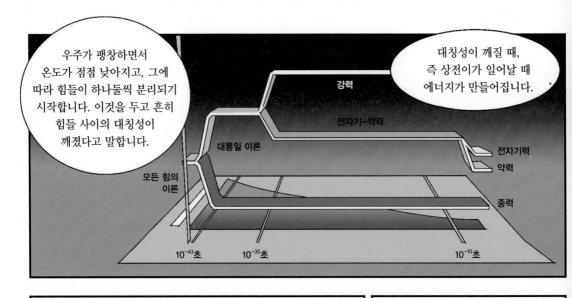

우주가 팽창하면서 온도가 점점 낮아지고, 그에 따라 힘들이 하나둘씩 분리되기 시작합니다. 이것을 두고 흔히 힘들 사이의 대칭성이 깨졌다고 말합니다.

대칭성이 깨질 때, 즉 상전이가 일어날 때 에너지가 만들어집니다.

강력

전자기-약력

대통일 이론

전자기력

약력

모든 힘의 이론

중력

10^{-43}초 10^{-35}초 10^{-10}초

물이 얼음으로 상전이할 때 에너지가 만들어지는 것처럼 말입니다. 우주에서 상전이가 일어날 때에도 마찬가지입니다.

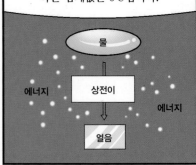

상전이가 일어날 때의 온도를 임계값이라고 합니다. 물이 액체에서 고체로 상전이를 하는 임계값은 0℃입니다.

물

에너지

상전이

에너지

얼음

구스 박사의 주장처럼 힘들 사이의 대칭성이 깨지지 않은 상태에서 우주의 온도가 임계값 아래로 내려갔다고 생각해 봅시다. 이런 과냉각 상태에서는 대칭성이 깨졌을 때보다 훨씬 더 많은 에너지를 품게 됩니다.

이 에너지는 척력의 효과를 낼 수 있다고 합니다.

이 척력이 바로 우주의 인플레이션을 일으킨 원인이라는 겁니다.

인플레이션 팽창은 빅뱅 팽창에 비해 아주 급격합니다. 순식간에 우주가 백억 배의 백억 배의 백억 배 크기로 팽창하거든요.

우주의 초기에는 물질이 불균일하게 분포했을 수도 있습니다.

하지만 우주가 인플레이션에 의해 급팽창을 하면 이런 불균일성은 순식간에 균일성으로 바뀝니다. 풍선이 부풀면 주름진 표면이 매끈하게 펴지는 것처럼 말입니다.

우주의 팽창률도 인플레이션의 효과 때문에 임계 비율에 수렴한다는 겁니다.

인플레이션 이론은 이처럼 기존의 빅뱅 이론으로 설명하지 못하는 여러 가지 문제들을 해결해 줍니다.

우리는 인플레이션이라는 우주 탄생 초기의 극적인 사건까지 살펴보았습니다.

하지만 우주에 대한 우리의 의문은 끝나지 않았습니다.

우주 탄생의 순간은 어떠했는가? 우주는 어떻게 태어났는가? 우주 탄생 이전은 도대체 어떠했는가?

아무리 막강한 인플레이션 이론이라고 할지라도 이런 의문을 해결해 주지는 못합니다.

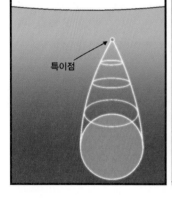

인플레이션 이론도 우주가 빅뱅 특이점에서 시작되었다고 가정하기 때문입니다.

특이점

사실 우주에 특이점이 존재한다고 주장한 사람은 펜로즈 박사와 저입니다.

그런데 저는 이 특이점이 아주 못마땅했습니다.

특이점은 모든 수학적 기술이 불가능해지는 곳이거든요.

그럼 우주가 시작한 특이점에서 무슨 일이 있었는지 알 수가 없습니다. 우주의 역사를 제대로 설명할 수 없는 겁니다.

이 문제를 어떻게 해결할 수 있을까요? 그건 특이점을 없애는 겁니다.

특이점을 어떻게 없앨 수 있냐고요?

특이점은 일반상대론으로 계산할 때 어쩔 수 없이 얻어지는 결과입니다.

$$G\mu v + \Lambda g\mu v = \frac{8\pi G}{c^4} T\mu v$$

빅뱅의 순간을 다루려면 양자역학도 꼭 필요합니다.

$$\triangle \chi \cdot \triangle \rho \geq \frac{h}{2}$$

빅뱅의 순간은 일반상대성이론과 양자역학을 결합한 양자 중력 이론으로 접근해야 한다는 거지요.

저는 칼텍의 리처드 파인먼 박사의 '역사의 합'과 '허수 시간'이라는 두 가지 개념을 적용하면 이 문제를 해결할 수 있다고 생각했습니다.

역사의 합부터 먼저 설명하죠.

t(A)의 시간에 A의 위치에 있던 입자가 t(B)의 시간에 B의 위치로 이동했다고 생각해 봅시다.

일반상대성이론을 포함한 고전역학에 따르면, 어떤 입자의 초기 상태가 주어지면 그 입자의 경로는 운동 방정식으로 알 수 있습니다. 또한 그 입자의 경로는 당연히 하나로 결정됩니다. 파인먼 박사는 경로를 그 입자의 역사라고 표현했습니다. 경로는 그 입자가 지나온 길이기 때문입니다.

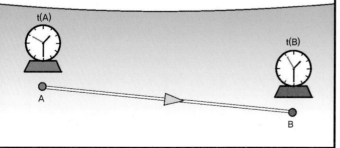

그러나 양자역학에서 입자의 경로는 단일하고 분명한 결과로서 산출되지 않습니다.

● **리처드 파인먼(Richard Phillips Feynman, 1918~1988)** 아인슈타인에 필적할 만한 천재성으로 2차대전 이후 양자역학의 도약에 큰 역할을 한 미국 이론물리학자. 영국 물리학자 폴 디랙에 의해 시작된 QED(Quantum Electrodynamics, 양자전기역학)의 발전에 기여한 업적으로 1965년 노벨 물리학상 수상자가 되었다.

양자역학의 불확정성 원리에 따르면 입자의 위치와 속도(운동량)는 동시에 정확하게 측정할 수 없습니다. 이 원리의 요점은 '속도를 정확하게 측정하면 할수록 측정하려는 위치는 그만큼 더 불확실해지고, 그 반대도 마찬가지'라고 간단히 설명할 수 있습니다.

$$\triangle \chi \cdot \triangle \rho \geq \frac{\hbar}{2}$$

때문에 양자역학이 기술하는 입자는 확률분포처럼 존재하며, 그 입자들로 구성된 어떤 시스템은 단 하나의 과거와 미래가 아니라 다양한 과거와 미래의 확률을 결정하지요.

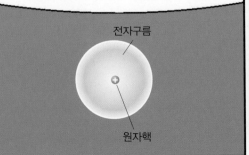

전자구름

원자핵

양자역학은 그 확률을 파동함수로 나타냅니다. 파동함수는 입자가 A에서 B까지 이동하는 데 단 하나의 경로가 아니라 모든 가능한 경로를 따라 이동한다는 것을 보여줍니다. 역사가 수없이 많은 것이지요.

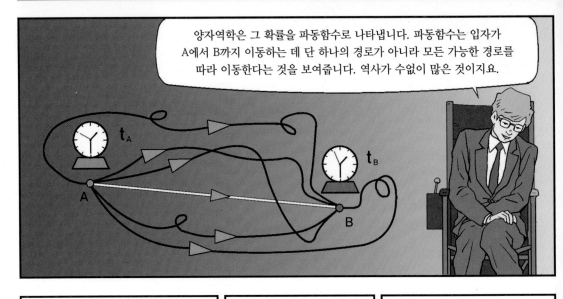

t_A

A

t_B

B

따라서 어떤 입자가 A에서 B로 이동할 확률은 모든 역사의 합을 계산해야 하는 겁니다. 이런 기술을 경로 적분이라고 합니다.

역사의 합을 구하는 계산은 매우 어렵습니다.

다행히 해결 방법이 있습니다. 그것은 허수 시간이라는 개념을 도입하는 겁니다.

어떤 수 x의 제곱이 1이라면
x는 +1이거나 -1입니다.

$$x^2 = 1$$

$$x = 1 \text{ or } -1$$

만일 어떤 수 x의 제곱이
-1이라면 x는 얼마일까요?

실수에서는 이 조건을 만족하는
수가 없습니다. 수학자들은
이 조건을 만족하는 x를 i라고
나타내고 i를 '허수단위'라고
정했습니다.

$$x^2 = -1$$

$$x = i$$

허수단위 i를 이용하면
모든 허수를 나타낼 수
있습니다. $2i$, $3i$처럼
말입니다.

i

그럼 허수 시간이란 무엇일까요?
허수 시간이란 우리가 경험하는
시간, 즉 실수 시간에 허수 단위를
곱한 시간입니다.

실수 시간을 t라고 하면
허수 시간은 it로
나타낼 수 있는 겁니다.

it

허수 시간

파인먼은 실수 시간에
일어나는 입자들의 역사의 합을
계산하는 대신 허수 시간에
일어나는 입자들의
역사의 합을 계산했습니다.

수학자들은 좌표를
이용해 허수 시간을
아주 쉽게 나타냅니다.

직교하는 두 개의 직선을 이용해 2차원 공간을 그립니다.

이런 개념을 확장하면 3차원 이상의 차원도 거뜬히 나타낼 수 있습니다.

흔히 가로축은 시간의 축으로 설정되지요. 가로축의 왼쪽은 과거를, 오른쪽은 미래를 가리킵니다.

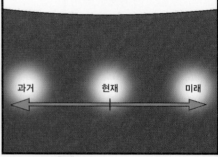

실수 시간의 축에 수직인 직선을 그으면 바로 허수 시간의 축이 됩니다.

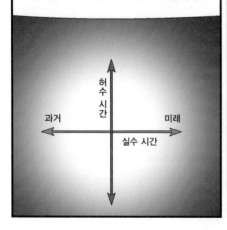

입자들의 역사의 합을 우주에 적용하면 그것은 우주 전체의 역사를 나타내는 시공이 됩니다.

그런데 우주의 시공에서 실수 시간 대신 허수 시간을 도입하면 놀라운 일이 일어납니다.

시간과 공간의 구별이 사라지면서 시간을 마치 공간처럼 다룰 수 있게 됩니다.

어떻게 그런 일이 일어나는지 간단하게 설명해 보겠습니다.

2차원 평면에서 선분 OA의 거리를 L이라고 했을 때 L을 구하는 방법은 다음처럼 간단합니다.

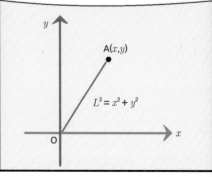

$$L^2 = x^2 + y^2$$

차원이 늘어나면 항을
하나 더 추가하면 됩니다.
3차원에서는 다음과 같지요.

$$L^2 = x^2 + y^2 + z^2$$

4차원 시공에서는
3차원 시공에
시간 차원을
추가하면 됩니다.

시간을 t라 하면
4차원 시공에서
거리 L은 다음과
같습니다.

$$L^2 = x^2 + y^2 + z^2 - t^2$$

4차원 시공에서
시간 항목의 부호는
거리 항목의 부호와
달리 음입니다.

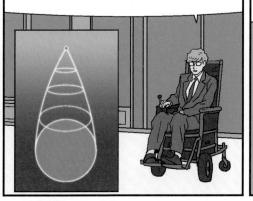

특이점은 바로 이 시간 항목의 부호가
음이기 때문에 나타나는 필연적인 결과입니다.

여기에서 실수 시간을
허수 시간으로 바꾸면
어떻게 될까요?

허수 시간을 τ(타우)라고
표시하면 $it = \tau$가 되고, 거리 L은
다음과 같습니다.

$$L^2 = x^2 + y^2 + z^2 - t^2 = x^2 + y^2 + z^2 + (it)^2 = x^2 + y^2 + z^2 + \tau^2$$

허수 시간을
도입하면
시간 항목도 양이
됩니다.

허수 시간 τ는 실수 시간 t와 달리 공간 좌표들과 같은 성질을 갖게 됩니다.

앞에서 이야기한 것처럼 시간을 공간처럼 다룰 수 있게 된 겁니다.

허수 시간과 공간으로 이루어진 시공을 유클리드 시공이라고 합니다.

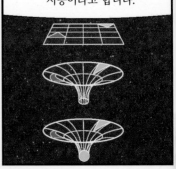

실수 시간을 바탕으로 하는 고전 중력 이론에서는 두 가지 우주 탄생의 방식을 가정할 수 있습니다.

첫째, 우주는 무한히 먼 과거로부터 존재했다.

둘째, 우주는 과거의 어느 시점(특이점)에서 시작했다.

허수 시간을 바탕으로 하는 양자 중력 이론에서 도출된 유클리드 시공에서는 우주 탄생 방식의 가능성 하나가 더 있습니다.

시공은 크기가 유한하면서 경계가 없다는 겁니다.

이것은 특이점이 없다는 것을 뜻하고

우주에 시작과 끝이 없다는 것을 뜻합니다.

이것이 바로 제가 주장하는 '무경계 가설'입니다.

4차원 시공에서 무경계 가설을 이해하기는 쉽지 않습니다. 이해를 돕우기 위해 지구를 예로 설명하겠습니다.

지구 표면은 2개의 차원을 줄인 4차원 유클리드 시공이라고 할 수 있습니다.

지구 표면에서 경도는 허수 시간,

허수 시간

위도의 둘레는 공간의 크기를,

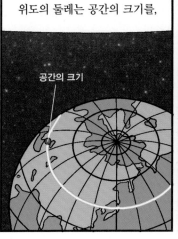

공간의 크기

북극점이 우주의 시작점이라고 생각해 보세요.

우주의 시작점

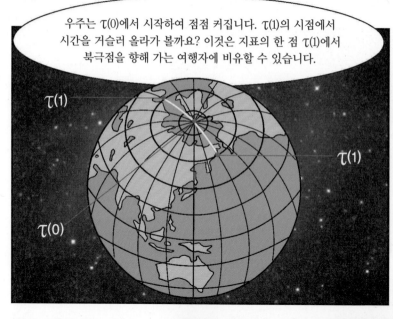

우주는 τ(0)에서 시작하여 점점 커집니다. τ(1)의 시점에서 시간을 거슬러 올라가 볼까요? 이것은 지표의 한 점 τ(1)에서 북극점을 향해 가는 여행자에 비유할 수 있습니다.

이 여행자에게 북극점은 특별한 지점, 즉 특이점이 아닙니다.

지표의 어느 지점과 구별할 수 없는 평범한 지점일 뿐이지요.

심지어 이 여행자는 북극점을 지나 다시 τ(1)에 도달할 수도 있습니다.

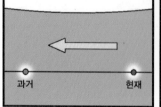

허수 시간에 시작한 유클리드 시공에서도 마찬가지입니다. 과거로 거슬러 올라가면 특이점에 도달하는 것이 아닙니다.

오히려 시작점을 지나 다시 출발 시간으로 되돌아올 수도 있지요.

우주는 탄생하지도 않고 사라지지도 않습니다.

다만 존재할 뿐입니다.

이것이 바로 '무경계 가설'이 설명하는 우리우주의 모습입니다.

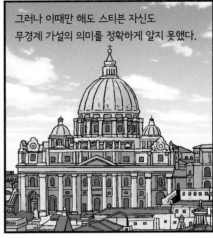

그러나 이때만 해도 스티븐 자신도 무경계 가설의 의미를 정확하게 알지 못했다.

과학자들은 세상의 기원에 관해 여러 가지 가설들을 내놓고 있습니다. 우주가 아주 작은 점에서 만들어졌다는 주장도 있지 않습니까?

이 모든 가설들은 태초에 대해서는 말하지 못했습니다. 과학 자체만으로는 이 문제를 해결할 수 없어요.

그 문제를 해결하려면 물리학과 천체물리학을 넘어서는 인간의 지식이 필요해요.

그런 지식을 흔히 형이상학이라고 하지요.

우리에게는 그 무엇보다 신의 계시로부터 얻은 지식이 필요합니다.

교황은 빅뱅은 창조의 순간이며 신의 영역이라고 생각하시는군.

그러니까 과학자들이 빅뱅 이후의 우주 진화에 대해 연구하는 것은 괜찮지만 빅뱅 자체를 연구해서는 안 된다는 말씀이잖아.

조금 전 학회에서 내가 발표한 내용이 바로 태초에 관한 것인데….

교황님이 내가 발표한 내용을 이해하지 못하신 것 같아 정말 다행이야.

이해하셨다면 틀림없이 불경스럽다고 생각하셨을 것 같은데.

갈릴레이 시대였다면 나도 종교재판에 회부되는 운명을 맞이했을까? 으윽.

스티븐이 우주과학학회에서 발표한 '무경계 가설'은 태초에 신이 개입할 여지가 전혀 없었기 때문이다.

교황의 마음속 깊은 곳에 우주는 완벽한 신의 창조물이라는 믿음이 뿌리를 내리고 있다.

그런 교황 앞에서 우주가 신의 도움 없이 존재할 수 있다고 주장했다.

스티븐은 그 이듬해 여름을 미국 캘리포니아대학의 산타바버라 분교에서 제임스 하틀(1939~)과 함께 무경계 가설을 완성시켜 나갔다.

내가 연구한 특이점 정리에 따르면 우주는 태초에 특이점을 가져야 하고, 무경계 가설에 따르면 특이점이 필요 없지요.

실수 시간 대신 허수 시간을 적용하면 특이점이 나타나지 않지요.

그럼 우리가 지금 시간이라고 생각하는 실수 시간은 상상의 산물일지도 모르겠군요.

진짜 시간은 허수 시간이고요.

많은 사람들은 우주가 과거의 한 시점에 탄생했다고 믿습니다. 시간에 시초가 있다는 것이지요.

우주의 역사에 대한 연구는 우주 탄생의 시초에 등장하는 특이점 때문에 불가능해집니다. 저와 하틀 박사는 시간을 공간의 한 방향으로 바꿈으로써 그런 문제를 해결했습니다.

저와 하틀 박사가 내린 결론은 '우주를 탄생시키는 데 필요한 경계 조건은 바로 경계가 없다.'는 것입니다.

스티븐과 하틀은 1983년에 공동 연구 결과를 논문으로 발표했다.

하틀과 스티븐의 무경계 가설은 많은 논란을 불러 일으켰다.

경계가 없다는 게 경계 조건이라니 무슨 말장난입니까?

하지만 무경계 가설은 우주 탄생의 순간과 그 이전의 상태를 설명해 줄 수 있는 유일한 과학적 근거를 갖추고 있었다.

더 나아가 우주가 아무것도 없는 '무'의 상태에서 저절로 시작될 수 있음을 암시하기도 했다.

우주가 특이점에서 시작했을까? 아니면 우주는 특이점이 없는 유클리드 시공인가? 지금 그 답을 아는 사람은 없다.

만일 우주가 특이점에서 시작했다면 특이점 이전의 일은 신의 영역이다.

특이점 이전은 인간의 인지 능력을 넘어선 곳이기 때문이다.

하지만 무경계 가설이 옳다면 우주에 신이 개입할 영역은 존재하지 않는다.

1985년 스위스의 한 병원

스티븐! 도대체 어떻게 된 거예요?

부인, 환자는 안정을 취해야 합니다.

유럽원자핵 공동연구소에 가던 중 호흡 발작을 일으켰다는군요.

폐렴이 아주 심합니다.*

회복 가능성은요?

유감입니다만 아무래도 인공호흡기를 떼고 마음의 준비를 하시는 게….

선생님, 그럴 수는 없어요.

영국으로 돌아가서 고쳐 보겠어요. 항공편을 마련할 테니 이송시켜 주세요.

수 술 중

케임브리지의 한 병원

● 많은 ALS 환자들이 폐렴으로 목숨을 잃는다고 한다.

수술은
잘되었나요?

결과는
좋습니다.

부인, 하지만
기관지를
떼어낼 수밖에
없었습니다….

네, 뭐라고요?
그럼 이제 말을
할 수 없잖아요.
흐윽….

하지만 목숨을
건졌으니 다행이에요.

고비를 넘긴 스티븐은
집으로 돌아왔다.

스티븐,
무슨 말을 하고
싶은가 보군요.

잠깐만요.

알파벳 카드예요.
내가 짚을 테니 맞으면
신호를 보내요.

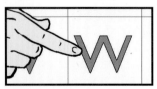

물을
달라고요?

W.A.T.E.R

취익

일상생활의 대화도
이렇게 힘들었으니

연구 논문을 쓰는 것은
꿈도 꾸지 못했다.

이 무렵 제인의 고민은
나날이 깊어졌다.

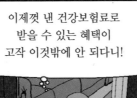

이제껏 낸 건강보험료로
받을 수 있는 혜택이
고작 이것밖에 안 되다니!

개인 간호사를 고용해야
할 것 같은데.

그러려면
추가로 돈을 더
지불해야 하고.

책 계약금으로
버티는 것도
무리다….

내가 스티븐을
돌보기 위해
일을 그만 둘
용의는 있지만
생계는
어떡하지?

책이 성공한다는
보장도 없다.

이렇게 가만히
있을 수만은 없어.
재정적인 지원을
호소해 봐야겠다!

● 호킹은 1984년 미국 밴텀출판사와 『시간의 역사』 출판 계약을 맺었다. 이에 관한 이야기는 8장에서 다룬다.

가장 먼저 미국의 한 재단이 의사를 표시해 왔다.

제인은 여러 자선기관에 편지를 쓰고, 친구들에게도 도움에 응할 만한 단체를 주선해 줄 것을 부탁했다.

간호사 비용으로 매년 5만 파운드를 지원하겠대요!

뜻밖의 도움의 손길도 전해져 왔다.

박사님, 캘리포니아에서 월토즈®라는 분이 프로그램 하나를 보내 주셨어요.

모니터 화면에서 단어를 선택해서 문장을 만들 수 있는 프로그램이에요.

스티븐의 휠체어에는 소형 모니터와 입력장치가 장착되었다.

이 입력장치를 눌러 단어를 찾고 선택할 수 있어요.

문장이 완성되면 음성 합성기를 통해 목소리가 나와요.

● 월트 월토즈(Walt Woltosz)에게 도움을 청한 사람은 호킹의 의사소통 방식 개선을 돕고 있던 마틴 킹이라는 물리학자였다. 월토즈는 역시 ALS로 말하고 쓰지 못하는 자신의 장모를 위해 개발했던 프로그램 '이퀄라이저(Equalizer)'를 아무런 대가도 바라지 않고 선뜻 보내주었다. 처음 이퀄라이저는 애플 II 컴퓨터에 설치, 구동되었고, 스피치 플러스(Speech Plus)라는 회사가 제작한 음성 합성기가 컴퓨터에 연결되었다.

스티븐은 모니터를 뚫어지게 바라보며 단어를 찾았고,

불편한 손으로 입력장치를 힘겹게 눌러 나갔다.

입력이 끝나자 스피커에서 낯선 음성이 흘러나왔다.

저·는 스·티·븐 호·킹·입·니·다.

박사님, 목소리가 아주 멋지네요! 하하하!

스티븐은 죽음이라는 특이점에 빠지지 않고 다시 살아났다.

마치 스티븐의 삶에도 무경계 가설이 적용되는 것 같았다.

이 프로그램은 속도가 좀 느린 편이지만, 나도 생각을 느리게 하는 편이니까 나에게 아주 잘 맞아.

아빠한테 잘 어울리는 목소리예요.

충돌하는
두 개의 **블랙홀과**
중력파 발견

호킹은 블랙홀을 가장 잘 이해하는 사람이다. 하지만 호킹의 이론은 입증하기가 아주 까다롭다. 실험실에서 재현할 수도 없고 아직 관측 기술도 부족하기 때문이다.

호킹의 주장처럼 두 개의 블랙홀이 충돌하여 하나의 블랙홀로 합체하기도 하는 것일까? 또 블랙홀이 합체할 때에도 엔트로피의 법칙은 성립하는 것일까? 호킹의 블랙홀 이론을 입증할 방법은 있는 것일까? 최근 그 가능성을 엿볼 수 있는 엄청난 사건이 일어났다. 중력파의 존재를 검출하는 데 성공한 것이다.

전하는 주변 공간에 전기장을 만든다. 또 전하가 가속 운동을 하면 전기장이 출렁거리는데, 전기장의 출렁임이 바로 전자기파이다. 마치 잔잔한 수면에 돌을 던지면 수면이 출렁거리며 물결이 퍼지는 것처럼 말이다.

전하가 전기장을 만들듯이 질량을 가진 물체는 중력장을 만든다. 또 질량을 가진 물체가 가속 운동을 하면 중력장이 출렁거리며 중력파가 만들어진다.

지금으로부터 약 100년 전, 아인슈타인이 발표한 일반상대성이론은 중력파의 존재를 예측했다. 하지만 그동안 중력파는 전하가 만드는 전자기파처럼 쉽게 관측할 수 없었다. 중력이 전자기력에 비해 아주 미약하기 때문이다.

2016년 2월 11일, '라이고(LIGO)'라고 불리는 중력파 관측소의 연구팀은 중력파 검출에 성공했다는 놀라운 소식을 전했다.

라이고는 기역자 모양을 이루는 거대한 간섭계로 이루어져 있다. 이 간섭계의 한쪽 팔의 길이는 무려 4킬로미터에 이른다. 라이고의 원리는 다음과 같다.

UmptanumRedux at en.wikipedia.com

2대의 라이고 중 미국 북서부 워싱턴 주 리치랜드 인근에 있는 핸포드 관측소의 라이고. 이 라이고의 긴 팔은 북쪽과 서쪽으로 뻗어 있는데, 사진의 것은 북쪽 팔.

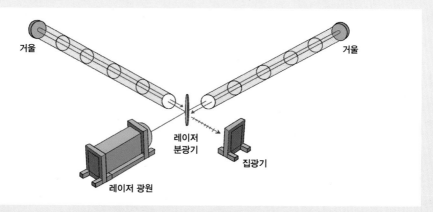

라이고의 원리
1. 광원에서 방출된 빛은 분광기에서 갈라져, 각각 4km나 되는 라이고의 양쪽 팔을 400회 왕복한 다음 집광기로 모인다.
2. 빛이 왕복하는 동안 중력파의 영향이 없다면, 집광기에서는 간섭의 흔적이 검출되지 않는다.
3. 반대로 빛이 왕복하는 동안 중력파의 영향을 받는다면, 그쪽의 시공간이 출렁이기 때문에 빛에 간섭을 일으켜 파동의 위상이 달라진 빛이 집광기에서 검출된다.

2015년 9월, 라이고 간섭계가 아주 짧은 시간 동안 미약한 간섭 현상을 기록했다. 드디어 중력파가 검출된 것이다. 라이고 연구자들은 간섭 현상을 면밀하게 검토했다. 그리고 5개월 후 지구에서 13억 광년 떨어진 두 개의 블랙홀이 충돌하여 발생한 중력파를 검출하는 데 성공했다고 발표한 것이다.

중력파 검출 소식에 모든 과학자들이 기뻐했다. 반세기 전에 작고한 아인슈타인을 제외하고 이 소식을 그 누구보다 반긴 사람은 아마 블랙홀 연구의 선구자인 스티븐 호킹이었을 것이다.

"이번 실험 관찰은 1970년대에 이룩한 블랙홀에 관한 저의 이론적 성과와 일맥상통합니다. 저는 이론물리학자로서 평생 우주를 이해하는 데 기여했습니다. 블랙홀의 겉넓이(즉 블랙홀의 엔트로피)와 유일성 정리(즉 털 없음 정리)처럼 제가 이미 40년 전에 예측한 사건들이 제가 살아 있는 동안 관측되고 있다니 정말 짜릿한 일이 아닐 수 없습니다."

그동안 인류는 전자기파 망원경으로 우주를 관측했다. 광학 망원경, 전파 망원경, 적외선 망원경, X선 망원경, 감마선 망원경이 모두 전자기파 망원경이다. 이번 중력파 검출의 성공으로 이제 우리는 우주를 관측하는 두 번째 도구를 갖게 되었다. 그것은 바로 중력파 망원경이다.

중력파 검출은 이제 시작에 불과하다. 하지만 중력파를 이용해 우주로부터 많은 정보를 얻을 수 있게 되는 날, 호킹의 블랙홀 이론도 정당한 검증을 받을 수 있게 될 것이다.

8

시공간의
여행자

1982년 말

아이들 학비에 간호사 급여까지 대려니 정말 경제적으로 힘들군. 더구나 내가 죽으면 가족들은 누가 챙기지…?

미튼* 씨가 얘기한 대중 과학서가 정말 도움이 될까?

그래, 미튼 씨가 제안한 방향대로 목차를 짜고 초고를 써 보자. 전부터 이런 책을 써보라고 권유했으니 출간은 어렵지 않을 테고. 원고를 보고 흡족해하면 계약금을 후하게 요구해 볼 수 있을 거야.

1983년 초, 케임브지대학 출판부 사무실

미튼 씨, 어떻습니까?

음, 저는 원고의 내용이 무슨 뜻인지 잘 이해합니다. 저는 전문가이기 때문이지요. 하지만 일반 독자들에게는 너무 어려워요.

더구나 고객들은 책을 들고 책장을 넘기다가 복잡한 방정식이 눈에 띄면 책을 그냥 내려놓을 겁니다. 방정식 하나가 나오면 독자가 반으로 줄어든다고 생각하고 원고를 쓰셔야 합니다.

* 사이먼 미튼(Simon Mitton, 1946~) 옥스퍼드대학 트리니티 칼리지에서 물리학과 천문학을 공부하고, 케임브리지대학 캐번디시 연구소에서 박사학위를 받은 연구자이자 과학 저술가. 이 무렵 케임브리지대학의 출판부에서 편집자로 일하고 있었다.

이 방정식은 도저히 뺄 수가 없는데 어쩌지요?

$$E = mc^2$$

좋아요. 그럼 그거 하나만 넣도록 하세요. 그리고 출판부는 출간을 허락했으니 계약서는 조만간 보내드리도록 하겠습니다.

대학 출판부 사상 최고의 계약금 이라지만, 내 기대에는 훨씬 못 미치는군.

그 무렵, 대서양 건너 미국 밴텀출판사의 편집자 구차르디는 뉴욕타임스에서 우연히 스티븐을 소개하는 기사를 읽게 되었다.

휠체어에 의지하며 우주론의 선구자로 활약하고 있는 호킹 박사라고!

뭔가 대박이 날 것 같은 예감이 오는데. 호킹 박사의 책은 우리가 꼭 출간해야 해!

구차르디가 출판사의 임원들을 설득하는 일은 어렵지 않았다.

계약금 25만 달러!• 미국의 모든 공항에 있는 서점에서 책이 판매되도록 하겠다는 홍보 계획도 마음에 쏙 든다.

휴~ 이제 열심히 원고를 쓰는 일만 남았다.•

• 25만 달러는 1985년 당시 환율로 2억 1천만 원이 넘는 금액이다.
• 앞에서 본 대로 이후 호킹은 대수술을 받게 되고, 건강을 회복하여 원고를 완성한 것은 1985년 8월즈음이었다.

1988년 4월 1일, 이 책은 『간결한 시간의 역사 : 빅뱅에서 블랙홀까지』라는 제목으로 출간되었다.

『시간의 역사』는 출판가를 휩쓸기 시작했다.

구차르디 씨, 『시간의 역사』 초판이 모두 팔렸답니다.

『시간의 역사』의 인기는 영국에서도 마찬가지였다.

호킹 박사님, 축하합니다!

『시간의 역사』가 런던 『선데이 타임스』의 베스트셀러 목록에 올라갔답니다.

『시간의 역사』는 〈선데이 타임스〉의 베스트셀러 목록에서 4년 동안 사라지지 않았다.

그리고 2001년까지 35개의 언어로 번역되었으며, 20년 동안 모두 1천만 권이 넘게 팔렸다.

'빅뱅에서 블랙홀까지'라는 책의 부제에서 알 수 있듯이 『시간의 역사』는 고대로부터 현대까지 밝혀낸 우주 공간과 시간의 기원과 미래를 이야기하고 있다.

『시간의 역사』에서 스티븐은 '시간'에 대해 어떤 이야기를 했을까?

물리 법칙은 과거와 미래를 구분하지 않습니다. 시간의 방향을 바꾸어도 물리 법칙은 변하지 않는다는 거지요.

하지만 현실에서는 시간의 방향이 달라지면 전혀 다른 세상이 펼쳐집니다.

식탁 위에 유리컵이 놓여 있습니다.

컵이 미끄러져 바닥으로 떨어졌습니다.

컵은 바닥에 부딪치면서 산산조각이 났지요.

이 사건을 동영상으로 찍었습니다. 동영상을 재생하면 시간의 방향을 금세 알아차릴 수 있습니다.

컵이 식탁에서 떨어지고 바닥에서 산산조각이 난다면

여러분은 이 동영상에서 시간이 정상 방향으로 흐르고 있다고 여길 겁니다.

만약에 바닥에 흩어진
컵 조각들이 모여
온전한 컵을 이루고,

그 컵이 식탁으로
뛰어오르는
영상을 본다면,

이때 여러분은
동영상을 거꾸로
보고 있다고
생각할 겁니다.

이 동영상에서
시간은 역행하고
있습니다.

물리 법칙은
시간의 방향이 바뀌어도
변함이 없는데

현실의 사건은 왜
시간의 방향에 따라
차이가 나는 걸까요?

우리는 과거를 기억할 수 있지만
왜 미래는 기억할 수 없는 걸까요?

이런 의문은 다음같이 간단한 말로
나타낼 수 있습니다.

시간은 왜 앞으로
흐르는 걸까요?

시간이 일정한 방향으로
흐른다는 뜻에서 시간의
화살이라는 용어를 쓰려고 합니다.
시간의 화살이란 시간의 방향성을
뜻하는 용어인 셈이지요.

시간의 화살에는 열역학적 시간의
화살과 심리적 시간의 화살, 그리고
우주론적 시간의 화살이 있습니다.

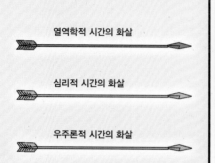

열역학적 시간의 화살은
엔트로피, 즉 어떤 계의
무질서가 증가하는 시간의
방향을 뜻합니다.

심리적 시간의 화살은
우리가 느끼는
시간의 방향입니다.

우주론적 시간의 화살은 우주가
팽창하는 시간의 방향입니다.

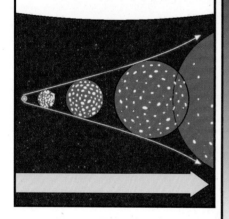

첫째, 심리적 시간의 화살은
열역학적 시간의 화살에 의해
정해지며, 이 두 시간의 화살은
언제나 같은 방향을
가리킵니다.

이 세 가지 시간의 화살의
관계에 대해 저는 이렇게
주장하려고 합니다.

열역학적 시간의 화살
무질서도가 증가하는 방향

심리적 시간의 화살
우리가 시간이 흐른다고 느끼는 방향

우주론적 시간의 화살
우주가 팽창하는 방향

둘째, 세 가지 시간의 화살이 같은 방향을 가리킬 때에만 다음과 같은 질문을 할 수 있는 지적 생명체가 존재할 수 있습니다.

"왜 무질서가 증가하는 시간의 방향은 우주가 팽창하는 시간의 방향과 같을까요?"

열역학적 시간의 화살은 '엔트로피 증가의 법칙'을 근거로 합니다.

엔트로피는 어째서 항상 증가할까요?

그건 자연이 질서보다 무질서를 선호하기 때문입니다.

지그소퍼즐이라고 불리는 조각 그림 맞추기 퍼즐을 생각해 볼까요?

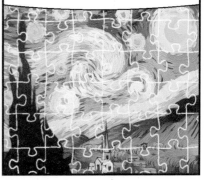

상자 안에서 퍼즐 조각들은 완전한 그림을 이루고 있습니다.

퍼즐 조각들을 맞추어 그림을 완성하는 방법은 한 가지뿐입니다.

상자를 흔들어 볼까요?

흔들 흔들

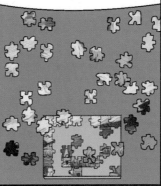

맞물려 있던 조각들이 하나둘 풀어지기 시작하면서 마침내 산산이 흩어지고 말겠지요.

지그소퍼즐의 예처럼 어떤 계의 상태가 시간이 지날수록 점점 무질서해질 때, 이 계의 시간의 방향은 열역학적 시간의 화살과 같은 것입니다.

209

심리적 시간의 화살은 우리의 기억과 연관이 깊습니다.

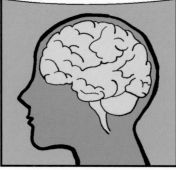

우리는 뇌가 기억을 어떻게 기록하는지 충분히 알고 있지 못합니다.

그래서 저는 우리 뇌 대신 컴퓨터가 느끼는 심리적 시간의 화살에 대해 설명하려고 합니다.

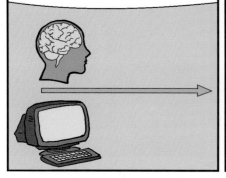

저는 컴퓨터와 우리가 느끼는 심리적 시간의 화살은 같은 방향을 가리킬 거라고 확신합니다.

컴퓨터는 어떤 데이터를 메모리라는 기억장치에 기록합니다. 이때 메모리는 '0'과 '1'의 두 가지 상태 중 어느 한 상태를 가질 수 있지요.

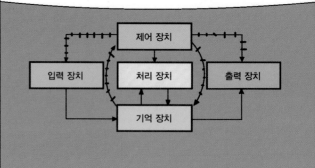

어떤 데이터가 메모리에 기록되기 전, 메모리는 '0'과 '1'이 결정되지 않은 무질서 상태에 있습니다.

어떤 데이터가 메모리에 기록되는 순간 메모리는 '0'이나 '1'의 상태로 확정됩니다.

다시 말해 새로운 사실이 기록될 때마다 메모리는 무질서 상태에서 질서 상태로 바뀌는 겁니다.

이것은 메모리의 무질서가 감소한다는 뜻이며 엔트로피가 감소한다는 뜻이기도 합니다.

그럼 심리적 시간의 화살의 방향은 열역학적 시간의 화살의 방향과 다르다는 걸까요? 그건 아닙니다.

컴퓨터 메모리의 상태를 유지하려면 전기 에너지를 써야 합니다.

컴퓨터가 에너지를 쓸 때 늘어나는 엔트로피 양은 데이터가 메모리에 기록되면서 줄어드는 엔트로피 양보다 큽니다.

전체적인 엔트로피는 증가하는 거지요. 앞에서 제가 주장한 것처럼 시간의 방향에 대한 우리의 느낌, 즉 심리적 시간의 화살은 열역학적 시간의 화살에 의해 정해지는 것입니다.

우주는 팽창하고 있습니다. 또 무질서는 증가하고 있지요. 우주가 팽창함에 따라 무질서가 증가한다는 건 태초에 우주가 질서 상태에 놓여 있었다는 뜻입니다.

그런데 어째서 태초에 우주는 질서 상태여야 하는 걸까요?

우주가 무질서 상태에서 시작할 수도 있지 않을까요?

211

먼저 일반상대성이론에서 도출되는 것처럼 우주가 특이점에서 시작했을 때를 보기로 하겠습니다.

특이점에서는 시공의 곡률과 밀도는 무한대이기 때문에 모든 물리 법칙이 무너집니다.

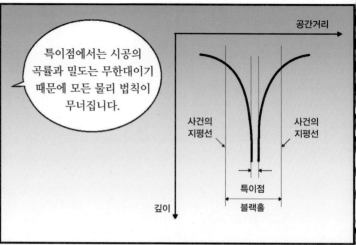

특이점에서 우주는 완전한 질서 상태에서 출발할 수도 있습니다.

그럼 열역학적 시간의 화살과 우주론적 시간의 화살의 방향이 지금 우리가 관측하는 것과 같겠지요.

열역학적 시간의 화살

우주론적 시간의 화살

만일 태초에 우주가 완전한 무질서 상태에서 출발했다면 시간이 흐르는 동안 무질서는 더 이상 증가할 수 없습니다.

무질서는 그대로 유지되거나 줄어들겠지요.

시간에 따라 무질서가 일정하게 유지될 경우에는 열역학적 시간의 화살은 당연히 없습니다.

열역학적 시간의 화살

만약 시간에 따라 무질서가 줄어든다면 열역학적 시간의 화살과 우주론적 시간의 화살은 서로 반대 방향을 가리키겠지요.

열역학적 시간의 화살

우주론적 시간의 화살

이 두 가지 경우는
지금 우리가 관측하는
우주와 다릅니다.

이런 결론은
우주의 초기 상태를
일반상대성이론으로 다룰
수 없음을 뜻합니다.
양자중력이론이 요구되는
거지요.

전 양자중력이론으로
접근하여 '무경계
가설'을 주장했습니다.

무경계 가설에 따르면
우주 초기에 특이점이 필요
없습니다. 다시 말해 우주는
특이점이 아니라 매끄럽고
완전한 질서 상태에서
시작했다는 뜻이지요.

무경계 가설의 조건을
따르더라도 태초의 우주가 완전히
균일할 수는 없습니다.

불확정성 원리는
작은 밀도 요동을 허용하기
때문이에요.

태초의 우주는
밀도 요동의 영향으로
여기저기에는 물질의
밀도가 높은 곳이
나타났지요.

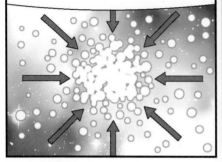

밀도가 높은 곳에서는 물질이 자체 중력으로 뭉치면서 은하와 별과 행성들이 만들어졌고, 우리 같은 생명체가 나타났습니다.

우주는 매끄럽고 완전한 질서 상태에서 시작했고 시간이 흐르면서 점점 무질서해진 겁니다.

그래서 열역학적 시간의 화살이 존재하는 거지요.

맨 처음, 심리적 시간의 화살의 방향과 열역학적 시간의 화살의 방향은 같다고 했습니다.

그리고 이 두 가지 시간의 화살의 방향은 우주론적 시간의 화살의 방향과 같다는 데 도달했습니다.

마지막으로 시간의 화살에 대해 한 가지 더 생각해 볼까요?

우주가 팽창을 멈추고 수축하기 시작한다면 시간의 화살은 어떻게 될까요?

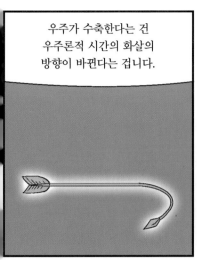

우주가 수축한다는 건 우주론적 시간의 화살의 방향이 바뀐다는 겁니다.

그에 따라 열역학적 화살의 방향도 바뀐다면 정말 놀라운 일들이 일어납니다.

열역학적 시간의 화살

우주론적 시간의 화살

시간이 흐르는 동안 무질서가 감소할 테니 말입니다.

퍼즐 조각들이 흩어져 있는 지그소퍼즐 상자를 흔들면

퍼즐 조각들이 서로 맞물리며 저절로 그림이 완성되어 갑니다.

또 바닥에 떨어져 산산이 부서졌던 컵 조각들이 서로 달라붙으며 식탁 위로 뛰어 오르기도 하겠지요.

물론 이런 생각은 현실적이지 못하다는 지적을 받겠죠.

우주의 수축

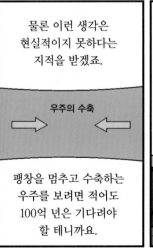

팽창을 멈추고 수축하는 우주를 보려면 적어도 100억 년은 기다려야 할 테니까요.

하지만 우주가 수축할 때 어떤 현상이 나타날지 당장이라도 따져볼 수 있는 방법이 있습니다.

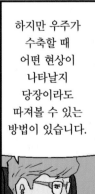

그건 바로 지금 당장 블랙홀로 뛰어드는 겁니다.

별이 붕괴하여 블랙홀이 만들어지는 과정은 우주가 팽창을 멈추고 수축하는 과정과 비슷합니다.

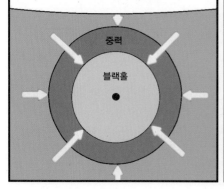

우주가 수축할 때 무질서가 감소한다면 블랙홀 안에서도 무질서가 감소해야 합니다.

무질서가 감소하는 우주에 사는 사람들의 삶은 우리의 삶과 크게 다릅니다.

사람들은 태어나기도 전에 죽을 것이며, 세월이 흐를수록 더 젊어질 겁니다.

팽창 우주와 수축 우주에서 뒤바뀌는 열역학적 시간의 화살. 얼마나 멋진 대칭성입니까!

우주의 크기가 줄어들면서 태초의 매끄럽고 완전한 질서 상태로 되돌아가야 하지 않을까요?

그래서 저는 우주가 수축할 때 무질서가 감소할 것이라고 믿었습니다. 그게 무경계 조건이 제시하는 결론일 것이라고 생각했던 거지요.

하지만 저의 동료 페이지의 생각은 저와 달랐습니다.

무경계 가설은 우주 수축 국면에서도 무질서가 증가한다는 것을 시사합니다.

저의 제자 레이먼드 라플람은 한 걸음 더 나아갔습니다.

우주의 수축은 우주의 팽창과 아주 달라요. 우주가 수축할 때에도 무질서는 계속 증가합니다. 따라서 블랙홀에서는 물론 수축하는 우주에서도 열역학적 시간의 화살과 심리적 시간의 화살의 방향은 바뀌지 않을 겁니다.

우주의 수축 국면에서 시간의 화살의 방향이 역전될 거라고 생각한 데는 몇 가지 이유가 있었지만, 저는 페이지나 라플람의 의견을 듣고 제가 틀렸다는 걸 곧 인정했지요.

무경계 조건을 따르더라도 열역학적 시간의 화살의 방향이 바뀌어야 할 필요는 없습니다.

그래서 제 질문은 이렇게 바뀝니다. "왜 우리는 열역학적 화살과 우주론적 화살이 같은 방향을 가리키는 것을 관찰하게 되는가?" 이 질문에 대한 제 견해는, 70년대 이후 제기되어 온 '약한 인류원리'를 설명하는 것으로 대신할까 합니다.

인류원리는 현재 우주의 상태를 설명하는 데 인류라는 지적 생명체를 근거로 삼습니다.

● 호킹, 『그림으로 보는 시간의 역사』, 까치, 193쪽에서 인용.
● **인류원리(anthropic principle)** 우리가 우주를 현재 모습으로 보는 까닭은 만약 우주가 다른 모습이었다면 우리는 지금 이곳에서 우주를 관측할 수 없을 것이기 때문이라는 주장.

즉 지금까지 우리가 던진 질문들을 할 만큼 지적인 생명체는 우주의 팽창 국면에서만 존재합니다. 우주의 수축 국면은 이런 생명체가 존재하기에 부적합합니다.

인간(인류)도 열역학적 화살의 방향으로 살아갑니다. 인간이 살아가는 데 필요한 에너지를 얻고 소모하는 물질대사는 엔트로피를 상승시키는 과정이기 때문이에요.

우주가 수축한다는 건 우주를 팽창케 했던 모든 연료가 소진되어 우주가 붕괴하고 마침내 거의 완전한 무질서 상태에 도달한다는 의미예요. 무질서는 더 이상 늘어나지 않게 됩니다.

이러한 조건에서, 시간의 화살을 연구하고 관찰하는 지적 생명체는 부정됩니다. 바꾸어 말해, 이것이 바로 열역학적 시간의 화살과 우주론적 시간의 화살의 방향이 일치하는 것을 우리가 관찰하는 이유입니다.

이제 시간의 화살의 방향을 거스르는 시간여행 이야기를 할 차례가 되었군요.

잘 알다시피, 시간여행 장치인 타임머신은 1895년 웰스가 발표한 동명의 과학소설에서 처음 나타났죠.

상대성이론에 따르면 미래여행은 가능합니다.

스무 살의 쌍둥이 A와 B가 있습니다. 어느 날 A가 광속의 0.8배로 달리는 우주비행선을 타고 16광년 떨어진 별로 여행을 떠납니다. 지구(A)와 우주비행선(B) 안에는 거리 L인 두 장의 거울 사이를 빛이 왕복하는 횟수로 시간을 재는 광시계가 있어요. A가 여행을 마치고 돌아왔을 때 어떤 일이 벌어질까요?

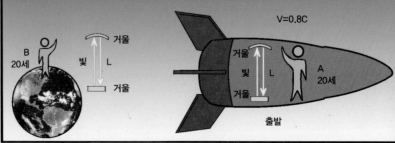

A와 B가 각자의 광시계를 본다면 두 쌍둥이에게는 빛이 L을 왕복한 회수만큼의 같은 시간이 흐릅니다

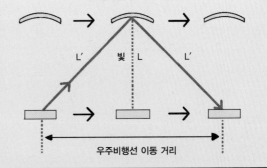

하지만 B가 우주비행선의 광시계를 본다면 A의 시간은 B의 시간보다 천천히 흐릅니다. B가 볼 때 우주비행선 광시계의 빛은 L보다 더 긴 L′를 왕복하는 것으로 보이기 때문입니다.

L′ 빛 L L′

우주비행선 이동 거리

먼저, A가 지구에서 16광년 떨어진 별까지 왕복 여행하는 데 걸린 시간을 계산해 볼까요?

시간 = $\dfrac{거리}{속도}$ 이므로,

A의 왕복시간(년) = $\dfrac{32광년}{0.8C}$

입니다.

광속(c)은 빛이 1년 동안 달린 거리(광년)를 시간(1년)으로 나눈 값이므로, 0.8c는 0.8(광년/년)과 같습니다.

따라서, $\dfrac{32(광년)}{0.8(광년/년)}$ = 40년

A가 우주여행에서 돌아와 60세인 B를 만나게 됩니다.

한편, B가 본 A의 시간은 B보다 천천히 흐른다고 했습니다. 이 시간은 특수상대론에 따라, A의 시간(40년)에 시간 지연 효과를 나타내는 요소인

$\sqrt{1-\dfrac{v^2}{c^2}}$ 를 곱해야 합니다.

16 광년 떨어진 별

$40(년) \times \sqrt{1-\dfrac{v^2}{c^2}} = 40(년) \times \sqrt{1-\dfrac{(0.8c)^2}{c^2}}$

$= 40(년) \times \sqrt{1-\dfrac{0.64c^2}{c^2}} = 40(년) \times \sqrt{1-0.64}$

$= 40(년) \times \sqrt{0.36} = 40(년) \times 0.6 = 24(년)$

다시 말해 지구에 남아 있던 B는 44세인 A를 만나게 되는 겁니다

B 60세

A 44세

도착

자, 여러분, 이건 A가 B의 미래로 여행을 떠난 셈이 아닐까요?

● 쌍둥이 우주여행은 가속도와 방향 같은 요소를 생각하여 훨씬 복잡하게 다루어져야 하지만, 여기에서는 단순화하여 설명했다.

이 이야기에서 우주 비행선은 타임머신이기도 합니다. 어떻게 그럴 수 있냐고요?

상대성이론에 따르면 시간과 공간은 크게 다르지 않습니다. 따라서 공간을 이동하는 우주비행선이 시간을 이동하는 타임머신이 될 수 있는 겁니다.

물론 지금 당장 미래 여행을 할 수는 없겠지요. 아직 우리는 그런 우주비행선을 만들 수 있는 기술을 갖추고 있지 못하니까요.

우주비행선이 빛보다 빠른 속도로 날아갈 수 있다면 어떤 일이 일어날까요?

빛

| 2010 | 1980 | 1950 | 1920 | 1890 |

그런 우주비행선에서는 시간이 거꾸로 흐릅니다.

빛보다 빠른 우주비행선을 탄 우주 비행사는 다음 시에 등장하는 아가씨처럼 과거 여행을 할 수 있을 겁니다.

와이트 섬 출신 젊은 아가씨,
빛보다 더 빨리 달릴 수 있었다네.
어느 날 그 아가씨 집을 떠났다네.
상대론적 길을 따라. 그리고
그 전날 집에 도착했다네.

그런데 빛의 속도, 즉 광속보다 빠르게 달리는 데에는 큰 문제가 있습니다.

우리가 아무리 노력해도 어떤 물체를 광속보다 빠르게 가속시킬 수는 없거든요. 이건 기술적인 문제가 아니라 근원적인 문제입니다.

광속보다 빠른 속도를 낼 수 없다면 과거 여행도 불가능한 것이 아닐까요?

한 가지 가능성이 있습니다.

웜홀이라고 불리는 시공의 통로를 이용하는 겁니다.

웜홀은 높은 산 아래에 뚫린 터널과 비슷합니다.

산꼭대기를 지나 산을 넘어가려면 오래 걸리지만 터널은 금세 지날 수 있습니다.

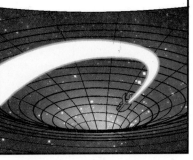

터널을 통해 산을 금세 지날 수 있는 것처럼 웜홀을 통해 아주 먼 우주 공간을 금세 날아갈 수 있습니다.

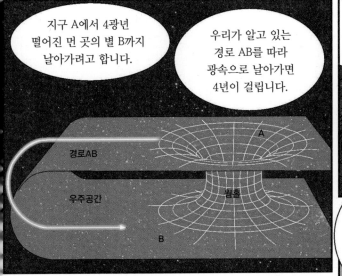

지구 A에서 4광년 떨어진 먼 곳의 별 B까지 날아가려고 합니다.

우리가 알고 있는 경로 AB를 따라 광속으로 날아가면 4년이 걸립니다.

경로AB

우주공간

웜홀

A

B

만일 우주비행선을 타고 A를 떠나 웜홀을 통해 1년 만에 B에 도착했다고 생각해 보세요.

그럼 빛보다 무려 4배나 빠른 속도로 날아간 셈이 됩니다.

웜홀은 상상의 존재만은 아닙니다.

이미 1935년에 아인슈타인과 로젠*은 일반상대성이론이 시공을 잇는 '다리'의 존재를 허용할 수 있다는 논문을 썼습니다.

이들이 논문에서 언급한 다리가 바로 웜홀입니다.

그런데 이 다리는 우주비행선이 지날 수 있을 만큼 오랫동안 유지되지 않습니다.

우주비행선은 다리, 즉 웜홀이 붕괴하면서 특이점 속으로 빠져 들어가고 말거든요.

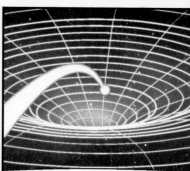

웜홀의 붕괴를 막을 수 있을 만큼 과학과 기술이 발전한다면 타임머신을 타고 과거 여행을 할 수도 있을까요?

그럴 경우 우리는 새로운 역설에 부딪치게 됩니다. 과거로 간 여행자가 역사를 바꿀 수도 있다는 겁니다.

예를 들어 누군가 과거로 돌아가 자신의 할머니를 살해했다고 생각해 봅시다.

할머니 죽음

⇒ 아버지 태어나지 못함

⇒ 나도 태어나지 못함

그럼 과거로 돌아가 할머니를 죽인 사람은 누구일까요?

● 네이선 로젠(Nathan Rosen, 1909~1995) 이스라엘 태생의 미국 물리학자로, 뉴욕 브루클린에서 태어났다. 아인슈타인이 프린스턴대학의 고등수리과학연구소에 있을 때 조수가 되어 공동 연구를 진행했다. '아인슈타인-로젠 다리'(ER Bridge)보다 먼저 양자역학의 코펜하겐 해석에 반대하기 위해 발표한 'EPR 이론'이 있다. 논문의 공저자인 아인슈타인, 포돌스키(Podolsky), 로젠의 머리글자를 딴 명칭이다.

이 같은 시간여행의 역설에 대한 해결책에는 두 가지 방법이 있는 것처럼 보입니다.

첫째는 제가 '일관된 역사 접근법'이라고 부르는 규칙입니다. 일관된 역사 접근법이란 시공이 과거로 이어져 있더라도 시공에서 일어나는 모든 일은 물리 법칙과 모순되지 않아야 한다는 겁니다.

물리 법칙

여러분은 과거로 갔더라도, 일관된 역사 접근법의 규칙에 따라 역사를 마음대로 바꿀 수는 없습니다.

과거
현재

그건 여러분이 자유의지를 가지지 못한다는 뜻이기도 합니다.

캉캉

과거
현재

시간여행의 역설에 대한 또 하나의 해결책은 '대체 역사 가설'입니다.

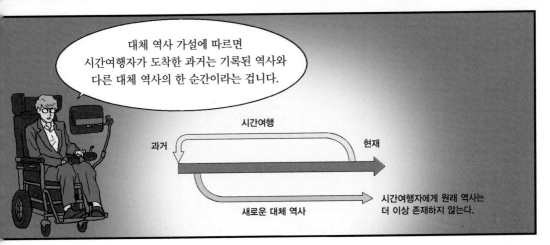

대체 역사 가설에 따르면 시간여행자가 도착한 과거는 기록된 역사와 다른 대체 역사의 한 순간이라는 겁니다.

시간여행
과거
현재
새로운 대체 역사
시간여행자에게 원래 역사는 더 이상 존재하지 않는다.

다시 말해 시간여행자가 도착한 세상에서는 과거와 다른 새로운 역사가 펼쳐진다는 뜻이지요. 따라서 시간여행자는 과거로 가서 역사를 바꿀 수도 있습니다.

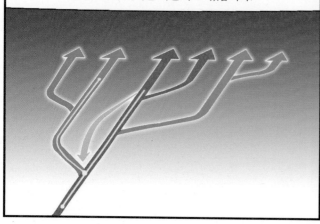

스필버그 감독은 이런 아이디어를 〈백 투 더 퓨처〉라는 영화에서 멋지게 활용했습니다.

자신이 태어나기 전의 과거로 여행한 주인공은 부모님의 연애 역사를 살짝 바꾸었던 것입니다.

시간여행에 대한 토론은 활발하지만 시간여행은 아직 여러 가지 어려움을 겪고 있습니다.

시공에서 일어나는 양자 요동은 미시적 규모에서 웜홀과 시간여행을 허락할 수 있습니다.

하지만 일반상대성이론에 따르면 거시적 물체는 과거 여행이 불가능하기 때문입니다.

미래에 새로운 이론이 발견된다고 해도 저의 개인적인 의견은 과거 여행이 영원히 불가능하다는 겁니다.

만일 과거 여행이 가능하다면 지금 우리 주변은 미래에서 온 관광객들로 넘쳐야 하지 않을까요?

호킹과 제인의 블랙홀 같은 사랑

1963년 1월 8일, 스티븐 호킹은 자신의 스물한 번째 생일 축하 파티에서 제인을 만났다. 곧 사랑에 빠진 두 사람은 2년 후에 결혼했다.

제인은 호킹에게 삶의 의지를 북돋아 준 소중한 인연이었다. 호킹은 제인의 헌신적 사랑 덕분에 루게릭병을 견디고 삶을 포기하지 않을 수 있었다. 또 제인의 보살핌 속에 세계적인 이론물리학자로 성공할 수 있었다. 하지만 호킹의 몸이 점점 굳어 갈수록 제인의 삶도 지쳐갈 수밖에 없었다.

제인은 시간이 지날수록 자신의 삶은 호킹의 화려한 명성에 가려져 있다는 느낌을 떨쳐 버릴 수가 없었다. 남편의 명성이 오히려 제인에게 스트레스를 주기도 했다. 사람들은 호킹이 아주 뛰어난 능력을 가진 특별한 사람이라고 생각했다. 제인은 한 인터뷰에서 자신의 스트레스를 이렇게 표현했다.

"그 사람은 신이 아니라는 걸 말하고 싶네요."

1979년 셋째아이를 낳은 후 제인은 심한 우울증에 빠졌다. 몸과 마음은 호킹과 아이들을 돌보느라 지칠 대로 지쳤다. 집은 언제나 호킹의 연구를 돕는 대학원생과 호킹을 돌보는 간호사들로 북적였다. 제인에게는 자신의 집도 아늑한 사적인 공간이 아니었던 것이다.

호킹의 건강이 더 나빠지면서 남편과 언제 사별할지 모른다는 두려움이 마음속 깊은 곳에서 꿈틀거렸다.

'남편이 떠나면 누가 아이들과 나를 책임져 줄 수 있을까? 나에게도 누군가 의지할 사람이 있어야 해.'

제인의 마음속에는 이미 새로운 사랑이 싹트기 시작했다. 1977년 교회 성가대에서 만난 조너선이 제인의 새로운 연인이었다. 1980년대가 시작하면서 제인과 조너선의 관계는 더욱 각별해졌다. 하지만 제인은 여전히 호킹을 사랑하고 있었다. 아직 호킹과 헤

호킹이 태어난 지 얼마 되지 않은 딸 루시를 안고 있다.

막내 티모시가 정면을 바라보고 서 있다. 호킹은 아이들과 함께 몸으로 놀아 주지 못하는 것을 늘 안타까워했다.

과 재혼했다.

일레인의 육체적 보살핌은 완벽했다. 호킹은 일레인의 응급처치로 수차례나 목숨을 건질 수 있었기 때문이다. 하지만 그런 삶은 일레인에게도 힘겨웠다. 2006년, 호킹은 결국 일레인과 이혼할 수밖에 없었다.

일레인과 이혼하면서 호킹에게 뜻하지 않은 기회가 찾아왔다. 그동안 어색하게 지내야 했던 제인과 가까워지기 시작한 것이다. 제인은 『무한으로 떠나는 여행』이란 자서전의 개정판에서 이렇게 말했다.

"2007년, 스티븐이 다시 내 삶 속으로 들어왔다."

호킹과 제인은 서로에게 영원히 헤어 나올 수 없는 블랙홀과 같은 존재가 아닐까?

어질 마음은 없었던 것이다. 호킹도 제인과 조너선의 관계를 짐작하고 있었지만 제인의 처지를 이해할 수밖에 없었다. 제인에게 일방적인 사랑을 요구할 수 없었던 호킹은 조너선의 존재를 인정했다.

'제인이 날 사랑하고 있는 한 제인과 조너선의 관계에 반대하지 않겠다.'

성가대 친구로 시작한 제인과 조너선의 감정은 시간이 지날수록 깊어졌다. 호킹도 더 이상 견딜 수 없었다. 그런 관계를 지속하는 건 모두에게 불행이었다. 1990년, 호킹은 자신을 돌보던 간호사 일레인과 함께 집을 나갔다. 제인과 별거를 시작한 것이다.

호킹에게는 정신적 사랑보다는 육체적 보살핌이 더욱 간절했다. 호킹은 1995년에 일레인과 재혼했다. 같은 해 말, 제인도 조너선

프랑스 화가 고갱은 삶의 가장 힘든 시기에 「우리는 어디에서 왔으며, 무엇이고, 어디로 가는가?」라는 명작을 그렸다.

'우리는 어디에서 왔으며, 무엇이고, 어디로 가는가?' 이 세상에서 가장 심오한 궁극의 질문이다.

스티븐도 「시간의 역사」에서 이 질문에 대한 답을 찾으려고 노력했다.

'어디에서 와서 어디로 가는가?'는 우주의 시작과 끝에 대한 질문이다. 이 질문에 대한 스티븐의 답은 아주 명쾌하다.

우주는 창조되지도 않고 파괴되지도 않으며 그냥 존재할 뿐입니다.

외계 생명체의 존재에 대해서는 이렇게 생각했다.

저는 외계 생명체가 아주 흔할 것이라고 생각합니다. 비록 문명을 지닌 생명체는 드물겠지만 말입니다. 외계 생명체가 이미 지구에 도착했을 거라고 말하는 이도 있습니다.

스티븐에게 외계 생명체 찾기는 '우리는 무엇인가?'에 대한 답을 구하는 한 가지 방법인지도 모른다.

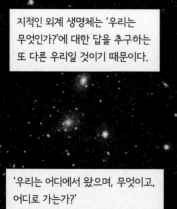

지적인 외계 생명체는 '우리는 무엇인가?'에 대한 답을 추구하는 또 다른 우리일 것이기 때문이다.

'우리는 어디에서 왔으며, 무엇이고, 어디로 가는가?'

스티븐 호킹은 이 질문의 답에 가장 가깝게 다가선 사람일지도 모른다.

세상에서 가장 열악한 신체 조건을 가진 물리학자가 어떻게 그처럼 놀라운 업적을 쌓을 수 있었을까?

그건 스티븐이 놀라운 지적 능력과 더불어 강인한 정신력을 지닌 덕분일 것이다.

아시다시피 저는 신체적 결함 때문에 다른 사람의 도움을 받아야 살아갈 수 있습니다.

하지만 저는 언제나 신체적 한계를 극복하려고 최선을 다해 노력했습니다.

저는 남극을 여행하고 무중력 상태를 경험하기도 했습니다.

한 알의 모래에서 세상을 보고
한 송이 들꽃에서 낙원을 보려거든.
손아귀에 무한을 쥐고
순간 속에 영원을 담아라.

스티븐의 몸은 휠체어라는 작은 세상에 갇힌 채 꼼짝할 수 없었다.
하지만 그의 정신은 영원하고 무한한 시공간을 담을 만큼 위대했다.
윌리엄 블레이크의 <순수의 전조>라는 시의 한 구절처럼 말이다.

부록

스티븐 호킹, 김동광 옮김, 『그림으로 보는 시간의 역사』, 까치, 1998.
우주와 물질 그리고 시간과 공간의 역사를 일반인들도 쉽게 이해할 수 있도록 쓴 책. 상대성이론과 양자
역학은 물론 블랙홀, 초끈이론 등 현대 물리학의 줄기를 이루는 이론을 풍부한 그림과 함께 차근차근 살
펴볼 수 있다.

스티븐 호킹, 김동광 역, 『호두껍질 속의 우주』, 까치, 2001.
우리우주를 지배하는 법칙을 시각화하여 일반인들도 쉽게 이해할 수 있도록 설명한 책이다. 『시간의 역사』
이후 새롭게 알려진 초중력과 초대칭이론, M이론까지 최신 우주 물리학의 주제들을 다룬다.

마이클 화이트·존 그리빈, 김승욱 옮김, 『스티븐 호킹 과학의 일생』, 해냄, 2004.
몸무게 40킬로그램에 말도 할 수 없고 휠체어에 의지해 살아가는 호킹은 어떻게 우주물리학의 최전선에
서 눈부신 활약을 할 수 있었을까? 두 명의 전문 과학 저술가의 글을 통해 호킹의 삶과 연구 업적을 가장
풍부하게 살펴볼 수 있는 책이다.

스티븐 호킹, 킵 손 외 4인, 김성원 옮김, 『시공간의 미래』, 해나무, 2006.
과학의 목적은 시간과 공간 그리고 거기에서 일어나는 모든 사건을 다루는 것이다. 스티븐 호킹, 킵 손, 이
고르 노비코프 그리고 티모시 페리스, 가장 유명한 4명의 우주물리학자들이 블랙홀과 시간여행, 타임머
신, 과학의 미래를 일반인 눈높이에서 해설한다.

일본 뉴턴프레스, 뉴턴코리아, 『블랙홀 화이트홀』, 뉴턴코리아, 2009.
일본의 유명한 그래픽 사이언스 잡지 『뉴턴』의 기사 중 블랙홀과 화이트홀에 관한 내용을 집약한 책. 뉴
턴 하이라이트 시리즈의 한 권. 난해한 블랙홀과 화이트홀의 모습이 화려하고 섬세한 일러스트레이션을
통해 독자들의 눈앞에 펼쳐진다.

크리스틴 라센, 윤혜영 옮김, 『휠체어 위의 우주여행자 스티븐 호킹』, 이상, 2010.
스티븐 호킹의 삶은 그의 업적 못지않게 우리에게 감동을 준다. 어린 시절부터 루게릭병과 투쟁하던 젊은
시절, 그리고 제인과 가정을 꾸리고 세계 최고의 우주물리학자로 우뚝 서기까지 『스티븐 호킹 과학의 일
생』과 함께 호킹의 삶과 업적을 풍부하고 다양하게 다루고 있는 책이다.

스티븐 호킹·레오나르드 믈로디노프, 전대호 옮김, 『위대한 설계(The Grand Design)』, 까치, 2010.
캘리포니아 공대 교수이자 유명한 과학 저술가인 믈로디노프와 함께 쓴 대중 과학서. 우주와 생명의 기원
을 양자론에 기초하여 명쾌하고 단순하게 설명한다. 생명은 어떻게 탄생했으며, 다중 우주란 무엇인가?
호킹과 믈로디노프는 이런 근본적인 질문에 답을 줄 수 있는 끈이론이 인간 이성의 궁극적인 승리를 가
져다 줄 것이라고 예견한다. 또한 M이론은 아인슈타인이 추구했던 궁극의 통일 이론이 될 수 있다는 소
신도 피력한다.

레너드 서스킨드, 이종필 옮김, 『블랙홀 전쟁』, 사이언스북스, 2011.
블랙홀에 빠진 물체는 어떻게 되는가? 1970년대 말 스티븐 호킹은 모든 것이 사라진다고 주장했다. 1983
년 서스킨드를 비롯한 일부 물리학자들은 호킹의 주장이 옳을 경우 우주의 근본 법칙이 뒤집어질 수 있
음을 깨달았다. 이 책은 블랙홀의 본성에 대한 위대한 물리학자들의 논쟁을 소개한다.

스티븐 호킹, 전대호 옮김, 『나, 스티븐 호킹의 역사』, 까치, 2013.
호킹이 쓴 자서전이다. 부모님의 품에 안긴 갓난아기 모습에서 불편한 몸으로 무중력 상태를 체험하는 모
습에 이르는 여러 장의 흑백 사진과 함께 호킹의 삶과 업적이 사실적으로 표현되어 있다.

킵 손, 박일호 옮김, 『블랙홀과 시간여행』, 반니, 2016.
우리에게는 〈인터스텔라〉라는 영화의 과학 자문역으로 잘 알려진 킵 손은 캘리포니아 공대의 명예교수이
자 과학 저술가이다. 또한 2016년 2월, 최초로 중력파 검출에 성공한 LIGO(레이저 간섭계 중력파 관측
소)의 설계자이기도 하다. 독자들은 이 책을 읽으며 킵 손과 함께 블랙홀과 시간여행의 신비로운 여정을
떠나게 될 것이다.

스티븐 호킹 연보

1942년   1월 8일 영국 옥스퍼드에서 열대병 전문가인 아버지 프랭크 호킹과 어머니 이조벨 호킹 사이에서 장남으로 태어났다. 300년 전 갈릴레오 갈릴레이가 사망한 날이다.

1952년(10세) 세인트 알반스 학교에 다니는 동안 수학에 대한 열정을 키운다.

1959년(17세) 옥스퍼드대학에 입학하여 자연과학 전공자의 길에 들어섰다. 1, 2학년을 외롭게 지낸 호킹은 더 많은 친구를 사귀려고 3학년 때 조정팀에 가입하여 키잡이로 활약했다.

1962년(20세) 옥스퍼드대학을 졸업하고 박사 학위를 위해 케임브리지대학에 입학했다. 이 무렵 루게릭병의 증상이 나타나기 시작했다. 처음 병원의 진단 결과는 2~3년밖에 더 살 수 없을 것이라는 시한부 판정이었다.

1965년(23세) 7월 14일에 두 살 아래인 제인 와일드와 결혼했다.

1966년(24세) 케임브리지대학의 응용수학 및 이론물리학과(DAMTP)에서 박사 학위를 받았다. 『특이점과 시공의 물리학』이라는 제목의 논문으로 펜로즈와 함께 애덤즈 상을 받았다.

1967년(25세) 첫째 아이 로버트가 태어났다. 1970년에는 루시, 그리고 1979년에는 티모시가 태어났다.

1969년(27세) 제인의 권유로 휠체어에 의지하기 시작했다.

1970년(28세) 원시 블랙홀의 존재를 예측하고, 블랙홀의 사건의 지평선은 결코 줄어들지 않는다는 가설을 세운다.

1972년(30세) 제임스 바딘, 브랜든 카터와 함께 블랙홀 역학에 관한 4가지 법칙을 제안했다. 블랙홀 역학의 4가지 법칙은 열역학의 4가지 법칙과 유사하다.

1974년(32세) 블랙홀이 복사에너지를 방출한다는 논문을 『네이처』에 발표했다. 블랙홀이 복사에너지를 방출하는 현상을 호킹 복사라고 한다. 호킹은 이해에 영국 왕립학회 회원으로 선정되었다.

1979년(37세) 케임브리지대학의 17대 루카시안 석좌교수로 임명되어, 이듬해 4월에 정식으로 취임했다.

1981년(39세) 우주는 시작도 없고 끝도 없이 영원하다는 무경계 가설을 주장했다.

1982년(40세) 영국 여왕으로부터 대영제국지휘관훈장(CBE)를 수여했다.

1985년(43세) 목소리를 잃고 기계 장치를 이용해 의사 표현을 시작.

1988년(46세) 『시간의 역사』(A Brief History of Time)를 출간했다 이 책은 세계 여러 나라에서 출간되어 1천만 부 넘게 판매되었다.

1990년(48세) 제인과 별거를 시작하여 1995년에 이혼했다.

1993년(51세) 『블랙홀과 아기우주』(Black Holes and Baby Universes and Other Essays)를 출간했다.

1995년(53세) 자신을 돌보던 간호사 일레인과 재혼했다. 일레인은 호킹의 병세가 악화될 때마다 응급처치로 목숨을 몇 번이나 구했다. 하지만 일레인도 힘든 생활을 견디지 못하고 2006년 호킹의 곁을 떠났다.

2001년(59세) 『호두껍질 속의 우주』(The Universe in a Nutshell)를 출간했다.

2002년(60세) 『거인들의 어깨 위에 서서』(On The Shoulders of Giants)를 출간했다.

2004년(62세) 영국 BBC에서 호킹의 젊은 시절을 다룬 단편 드라마 〈호킹〉을 방영했다. 호킹 역에 베네딕트 컴버배치.

2007년(65세) 케네디 우주센터에서 우주 비행 시뮬레이션을 통해 무중력 상태를 체험했다. 딸 루시와 함께 쓴 어린이책 『조지의 우주를 여는 비밀 열쇠』(George's Secret Key to the Universe)가 출간되었다.(시리즈물로 이후 세 권을 더 펴냈다.)

2012년(70세) 영국 런던에서 개최된 장애인올림픽 개막식에 참가했다. "발아래를 내려다보지 말고 고개를 들어 별을 보라."(Look up at the stars, and not down at your feet.)는 축사로 세계인에게 감동을 주었다.

2013년(72세) 『나, 스티븐 호킹의 역사』(My Brief History)를 출간했다.

2014년(73세) 호킹과 제인의 이야기를 다룬 영화 〈사랑에 대한 모든 것〉(The Theory of Everything)이 상영되었다.

호킹의 블랙홀
우주의 심연을 들여다보다

2016년 12월 9일 초판 1쇄 펴냄
2018년 6월 10일 초판 2쇄 펴냄

지은이 정창훈 | 그린이 백원흠

펴낸이 김경희 | 펴낸곳 작은길출판사 | 출판등록 제2018-000084호
주소 서울 마포구 월드컵북로5가길 17 3층(서교동) | 전화 02-337-0764
팩스 02-337-0765 | 전자우편 footwayph@naver.com

만화채색 김웅경

ISBN 978-89-98066-18-5 04440
ISBN 978-89-98066-13-0 (세트)

글ⓒ정창훈 2016 | 그림ⓒ백원흠 2016 | 기획ⓒ손영훈 2016

이 책은 한국출판문화산업진흥원 2016년 우수출판콘텐츠 제작 지원 사업 선정작입니다.